Berry Farah

La pandémie : lorsque la science vacille

éditions
vol au vent

Dépot légal : Bibliothèque et Archives Nationales du Québec 2025
Dépot légal : Bibliothèque et Archives Canada 2025

ISBN : 978-2-9819997-3-3

Table des matières

Préface

En janvier 2022, au moment où le variant Omicron bouleversait le monde, je mettais un point final à cet essai. Depuis, je l'ai retouché et remodelé, sans toutefois y intégrer toutes les nouvelles recherches venues enrichir notre compréhension de la pandémie. Ce choix ne découle ni d'une négligence ni d'un désintérêt pour l'actualité scientifique, mais d'un parti pris : montrer que, dès le début de la crise, les connaissances scientifiques disponibles étaient largement suffisantes pour anticiper la crise, prendre des décisions responsables et les précautions adéquates concernant les traitements. Ce constat souligne une vérité amère: ce n'est pas le manque d'information, mais bien une défaillance collective entre la politique, les médias et une partie du monde scientifique qui a conduit à une gestion si chaotique de la pandémie.

Cet essai explore la face moins reluisante de la science, un domaine souvent idéalisé comme un sanctuaire de rigueur et d'intégrité. Pourtant, à l'ombre de son aura, se cachent des intérêts financiers, des idéologies et des pratiques douteuses. Cette réalité, bien que méconnue, est essentielle à comprendre, car elle interroge directement l'influence que les scientifiques exercent sur les décisions politiques. La pandémie a illustré un glissement inquiétant vers un scientisme où la science, parfois détournée de ses principes fondamentaux, a été utilisée comme un outil de contrôle plutôt qu'un levier de réflexion critique.

Publier cet essai n'a pas été une décision facile. La Covid-19 a laissé derrière elle un climat de tension où toute parole divergente,

même nuancée, est rapidement étouffée sous un flot de jugements et de condamnations. Ceux qui adhéraient sans réserve aux mesures officielles étaient célébrés, tandis que toute remise en question, qu'elle soit prudente ou argumentée, était immédiatement taxée de complotisme ou d'antivaccinalisme. Des personnalités sans lien direct avec le domaine médical — experts en informatique, en mathématiques ou encore en astronomie — ont été érigées en figures de proue, saluées comme des modèles de vertu et de rationalité. Pourtant, leur légitimité à intervenir dans ce débat n'était pas plus grande que celle des voix qu'on cherchait à faire taire.

Avec cet essai, j'ai voulu adopter une démarche journalistique rigoureuse, exposant les faits et les mettant en perspective tout en me montrant critique. Mon ambition est de susciter un débat réfléchi, ce que les médias n'ont que trop rarement fait. Durant la pandémie, ils ont majoritairement relayé la parole politique et scientifique sans exercer le moindre recul critique, en amplifiant la vérité officielle. Plutôt que d'offrir un espace d'analyse et de contradiction, ils ont choisi de simplifier le débat en opposant systématiquement les partisans et les détracteurs, laissant peu de place à la complexité. Ce manque de discernement n'a fait qu'alimenter les théories alternatives, renforcer la méfiance et exacerber les fractures sociales.

Les lecteurs, en tant que citoyens, auront enfin avec cet essai accès à l'ensemble des informations nécessaires pour comprendre la crise, évaluer l'ampleur des décisions prises et en mesurer les conséquences. J'ose espérer que les médias ne chercheront pas à étouffer ces faits, mais choisiront plutôt de retrouver leur rôle essentiel de contre-pouvoir en ouvrant enfin le débat qui s'impose.

Qu'est-ce que la vérité ?

La vérité est une notion complexe, prise entre notre besoin de certitudes et notre réticence à affronter le doute. Dans nos sociétés contemporaines, les idéologies tendent à forger des vérités qui servent leurs intérêts, laissant peu de place à la complexité et à la réflexion critique.

Depuis quelques années, souffle sur nos sociétés un vent de manichéisme si puissant que la nuance, la réflexion et la libre pensée reculent plus que jamais. Ce refrain se fait entendre souvent, sans que l'on précise véritablement cette dualité. Elle ne peut se résumer à l'affrontement de la gauche et de la droite, ou de l'extrême gauche et de l'extrême droite. C'est le choc entre universalistes et «particularistes», comme l'énonce le docteur Olivier Jacques dans La Presse (média québécois) en août 2018[1].

> «Les universalistes sont ouverts à la mondialisation et à l'immigration, tendent à soutenir des valeurs progressistes concernant la diversité (sexuelle ou culturelle, par exemple) et à favoriser l'autonomie des individus plutôt que la loi et l'ordre»

> «Les particularistes conçoivent plutôt l'individu comme partie prenante d'un héritage collectif et perçoivent une démarcation nette entre les personnes qui font partie de cet héritage collectif (nous) et ceux qui n'en font pas partie (eux). L'électeur particulariste se méfie de l'im-

---

1) Olivier Jacques La sociale-démocratie divisée, La Presse 26 août 2018

migration massive ainsi que de la mondialisation et conserve une conception plus traditionnelle de la vie sociale. »

Nous vivons aussi une crise identitaire que la mondialisation a favorisée en fragilisant le socle qui définit la nation : la culture commune, le bien commun, les traditions… Cet éclatement progressif a accentué les clivages entre ces deux entités.

> « Les particularistes accusant leurs rivaux d'élitisme et de déconnexion de leurs préoccupations, pendant que les universalistes répliquent avec des accusations d'intolérance et de xénophobie. »

Les gouvernements et les élites intellectuelles et médiatiques sont souvent universalistes, au point de laisser entendre que leur vérité est la seule à même de défendre la démocratie. Pour eux, les idées divergentes sont d'emblée taxées d'extrémistes. Ils nient la notion complexe de l'identité, qu'ils considèrent comme raciste.

Cette vérité universaliste, décrétée par une élite bien-pensante, s'est imposée comme synonyme du bien absolu, et fruit de la raison. Cette arrogance a généré une révolte croissante des particularistes, dont beaucoup sont devenus complotistes aux yeux de leurs adversaires. Dans un groupe comme dans l'autre, il existe toujours des voies extrêmes qui alimentent une radicalité toujours plus forte. Si, chez les universalistes, elle se traduit par le mouvement woke, chez les particularistes, l'extrémisme s'incarne dans un populisme ou un identitarisme, exprimant leur révolte contre des universalistes qui les isolent et les ignorent.

Dans ce climat délétère, le débat ne peut plus avoir lieu. Chacun pense qu'il est le détenteur de la bonne parole. Les plus nuancés sont désormais inaudibles. La suspicion qui s'abat sur eux peut les conduire à être mis à la marge de la sphère publique et médiatique. Ceux qui ont des doutes raisonnables ou des questionnements ou ceux qui ont une pensée divergente, même la plus sensée, deviennent vite étiquetés comme complotistes. Une manière de ne plus considérer leur point de vue. Ce phénomène s'est particulièrement illustré pendant la pandémie, où le débat autour des vaccins s'est souvent réduit à un affrontement manichéen: d'un côté, les partisans de la vaccination, présentés comme les défenseurs de la science et du bien commun ; de l'autre, les opposants, assimilés à des complotistes ou des irresponsables. Une telle polarisation a nui à une discussion nuancée sur les enjeux scientifiques, éthiques et sociaux.

Un amalgame dangereux se produit entre les modérés et les radicaux. En d'autres époques, le débat et la confrontation auraient eu lieu dans les médias. La pluralité de la presse d'antan permettait d'entendre ces voix divergentes. Aujourd'hui, des blocs imperméables à toutes idées contraires se sont constitués et continuent de se dresser. Les universalistes, pour qui la démocratie est une valeur sacrée, en sont arrivés à imposer une véritable forme de dictature de la pensée en déconsidérant toute idée critiquant leur idéologie. Ce manichéisme ne se limite pas aux débats nationaux. Il se reflète également dans la politique internationale : le conflit russo-ukrainien, par exemple, est souvent présenté comme un affrontement simpliste entre un camp « démocratique » et un camp « autoritaire », sans reconnaître les complexités historiques, politiques et culturelles sous-jacentes. Ces simplifications alimentent des divisions qui empêchent tout débat constructif ou recherche de solutions.

Bien entendu, cette division au sein de la société se reflète également dans les camps eux-mêmes, puisqu'à l'image de notre monde, la communautarisation est croissante. Vous pouvez donc imaginer la confusion qui en résulte, ainsi que les affrontements qui en découlent.

Ce clivage a pris une nouvelle forme avec la pandémie où les universalistes ont porté la voix de la science comme la voie de la vérité unique. Une partie des particularistes les ont rejoints. Ni la nuance ni les clivages n'avaient de raison d'être. Il fallait choisir son camp au risque d'être stigmatisé. Pour autant, particularistes et universalistes se sont déchirés sur les décisions gouvernementales, comme le confinement, les aides financières, ou le masque, même si les lignes ont parfois bougé.

La notion de vérité s'est fortement imposée durant la COVID. Elle avait commencé à émerger bien avant la pandémie, où la chasse aux fausses nouvelles était devenue le nouveau combat pour la démocratie. Cette fois, un duel s'est installé entre ceux qui croyaient aveuglément la science et ceux qui ont refusé cet obscurantisme, avec le risque de tomber dans le complotisme.

Mais qu'entendons-nous par la vérité ? La COVID nous a montré que la vérité des uns n'est pas la vérité des autres. S'il y a un dictionnaire que j'affectionne particulièrement, c'est celui du Centre National de Ressources Textuelles et Lexicales (CNRTL). La richesse de son contenu permet d'aborder un mot sous différents angles. La définition de vérité qu'il nous propose ne se limite pas à une phrase succincte, mais s'appuie sur une analyse détaillée et nuancée.

> Philosophique : Connaissance reconnue comme juste, comme conforme à son objet et possédant à ce titre une valeur absolue, ultime.
>
> Théologie : Éternelle vérité. La seule vérité absolue, inaltérable, fiable, parce que donnée par Dieu
>
> Logique : Conformité de la pensée ou de son expression avec son objet.
>
> Générale : Conformité d'une affirmation à la réalité.

La définition philosophique est quelque peu déconcertante. Elle est même, à certains égards, dangereuse, car elle aurait tendance à fermer le débat. Qui reconnaît qu'une connaissance est juste? Certes, en mathématiques, il existe des règles dont l'application au quotidien montre qu'elles sont exactes, sans quoi les ponts s'effondreraient. Mais en sociologie, ou plus généralement en sciences humaines, les théories restent souvent empiriques et sujettes à débat, même si, dans nos sociétés, on tend à en faire des vérités absolues. Les sciences humaines, comme le dit leur définition, ont pour objet l'étude de l'homme et de son comportement : un sujet trop complexe pour prétendre à des vérités inconditionnelles. Dans ce cas, comment reconnaître qu'une connaissance est conforme à son objet au point de prétendre qu'elle a une valeur ultime ? L'observation la plus poussée ne permet que d'apporter une part de vérité souvent contestée par d'autres observations tout aussi argumentées. Ces théories sociales et philosophiques, devenues à certains égards des vérités, peuvent difficilement être remises en question. Les courants de pensée de Karl Marx, de Michel Foucault, de Jacques Derrida, de Max Weber, de Bourdieu ou même de Freud, pour n'en citer que quelques-uns ont laissé une empreinte profonde sur nos sociétés. Leur influence, parfois inconsciente, s'est transmise à travers plusieurs générations.

Prenons un exemple, sans doute anodin, mais révélateur. Nous faisons sans cesse référence à la psychanalyse dans notre quotidien, en ayant recours au terme de subconscient ou de lapsus révélateur. Rien que le subconscient a dessiné une idée de la manière dont on analyse et pense une situation, sans pour autant qu'elle soit juste. Karl Marx n'est-il pas à l'origine du communisme et de ses dérives ? Foucault et Derrida ne sont-ils pas accusés d'avoir nourri le wokisme, cette façon de vouloir déconstruire nos sociétés occidentales et de les purger de leurs péchés ?

Toutes ces théories représentent de pures constructions de la pensée, résultat d'observations et de réflexions contextuelles, dont les fondements demeurent hypothétiques. Pourtant, elles ont façonné notre monde au sens le plus large. La théorie du genre en est une illustration frappante. Élaborée à partir des travaux de Judith Butler et d'autres penseurs, elle s'appuie davantage sur des interprétations philosophiques que sur des bases scientifiques solides. Présentée par certains comme une vérité incontournable, elle tend à ignorer ou minimiser des réalités biologiques fondamentales, ce qui en fait une vision partiale et idéologique. Si cette théorie a influencé certains débats sur l'identité sexuelle, elle demeure profondément contestée, notamment pour ses applications extrêmes, qui fragmentent davantage les sociétés qu'elles ne les éclairent. Bon nombre de ces théories ne peuvent plus être remises en question sans engendrer des discussions houleuses et voir ceux qui les contestent être victimes d'ostracisme. Les idées de Karl Marx sur les inégalités de classe en sont un exemple frappant. Bien qu'elles aient permis de structurer une critique légitime des systèmes économiques, elles sont souvent utilisées comme une grille d'analyse absolue. Aujourd'hui encore, elles influencent de nombreux discours, parfois au détriment d'une prise en compte des dynamiques contemporaines, comme l'impact de l'innovation technologique ou les nouveaux modes de production liés à la mondialisation. Cette rigidité dans l'interprétation des pensées marxistes montre à quel point une théorie peut évoluer d'une réflexion critique à une vérité idéologique difficile à questionner.

L'idéologie domine parfois dans ces milieux universitaires, au lieu de reconnaître la fragilité des savoirs, qui peuvent être questionnés et reconsidérés en permanence. L'idéologie, *c'est l'ensemble plus ou moins cohérent des idées, des croyances et des doctrines philosophiques, religieuses, politiques, économiques, sociales, propre à une époque, à une société [...].* Conserver une distance nécessaire pour une plus grande objectivité devient un exercice de plus en plus difficile. Mais n'a-t-il jamais été facile ?

Vouloir adhérer à l'air du temps ne signifie pas toujours se conformer avec la réalité des faits. Même en science, comme on le verra plus tard, il n'existe pas de vérité absolue. Ce qui paraît vrai aujourd'hui pourrait ne plus l'être demain. C'est ainsi que la science médicale a évolué. C'est la raison pour laquelle je reste toujours méfiant lorsqu'on inonde les textes de citations de philosophes, de penseurs ou de sociologues pour soutenir nos propos. Elles sous-entendent que ces intellectuels énoncent une vérité indiscutable, alors que ce n'est qu'un point de vue qui vient simplement renforcer notre analyse.

C'est pourquoi prétendre qu'il y a des vérités en philosophie ou en sociologie est risqué. C'est donner crédit à des théories qui ne sont vraies que parce qu'elles ont construit nos sociétés et forgé nos pensées. Un texte philosophique ou sociologique bien formulé aurait tout autant de valeur sans citations si nos sociétés n'avaient pas érigé des modèles académiques auxquels il faut se conformer pour lui conférer une légitimité.

Quiconque rédige une nouvelle théorie socio-philosophique ne pourrait l'accomplir que s'il possède les diplômes requis et inonde son ouvrage de références. Pour quelle raison l'auteur devrait-il se conformer à ce modèle, si ce n'est pour garantir une conformité aux modèles définis par la société et, de ce fait, apporter une crédibilité au travail accompli ? Cette validation n'offre aucun gage sur la qualité de ce qui a été défini dans l'ouvrage. Quelle que soit la situation, le texte reste une hypothèse, et ce, même si les observations énoncées peuvent contenir un fond de vérité. Le modèle académique crée des vérités, bien que le postulat de l'auteur puisse être contestable, voire erroné.

La vérité peut prendre différentes formes selon le sujet abordé et en fonction de l'angle où l'on se situe. Il n'existe pas une vérité, mais des vérités. Qui détermine si l'une est plus authentique que l'autre ? La vérité reste parfois toute relative. On a du mal à le reconnaître. Certes, les certitudes demeurent essentielles pour faire avancer ses projets et ses idées, mais ces convictions peuvent être tout aussi vraies qu'erronées et conduire tout autant vers des impasses que vers des routes insoupçonnées.

De ces définitions de la vérité, il y en a une sur laquelle on doit s'attarder : la conformité d'une affirmation à la réalité. C'est bien celle-ci qui nous préoccupe aujourd'hui et que les journalistes défendent. Si une affirmation est en adéquation avec les faits, elle peut être considérée comme une vérité. C'est une approche logique, à condition de rigoureusement établir les événements pour qu'ils demeurent en adéquation avec la réalité et en devenir une vérité.

Néanmoins, si certains épisodes sont ignorés, déformés ou occultés, peut-on encore considérer ces dires comme une vérité, même si l'affirmation ou le discours ne paraît pas erroné ? Ce ne sont que des probabilités. Se montrer catégorique peut avoir, pour conséquence, que la vérité énoncée ne le soit plus demain. Une information incomplète peut conduire à une interprétation biaisée du sujet traité.

Cependant, la notion de vérité tend à s'imposer d'elle-même lorsqu'il s'agit de science. Contester ce que la science affirme, même avec des arguments, relèverait du sacrilège, même si le propos est argumenté. La science est devenue, à certains égards, une religion avec le risque d'une dérive scientiste. La défier peut même vous mettre en danger. Pourtant, le monde de la science est loin d'être habité par la vertu. Les scientifiques n'ont pas pour seul intérêt le bien-être de l'humanité ; le leur est parfois plus important. La science peut elle aussi entretenir de fausses vérités par facilité, sans que personne ne s'en indigne. L'indice glycémique représente un exemple de ce que la science peut faire de plus mauvais.

> « L'indice glycémique (IG) est une échelle qui classe les aliments riches en glucides en fonction de leur effet sur l'augmentation de la glycémie par rapport à un aliment de référence, soit le glucose ou le pain blanc[2].»

Quelqu'un s'est-il penché sur l'étude qui a défini cet indice ? Probablement personne ! Si tel était le cas, on s'indignerait de la qualité de l'étude, de laquelle on peut difficilement tirer des conclusions. Cette étude, faite sur un petit échantillon de 34 personnes, donne une image globale et approximative d'une réalité bien plus complexe. Pourtant, cet indice s'est imposé dans le monde médical et scientifique. Il est devenu une référence.

Malheureusement, cet indice ne ne repose pas sur des bases scientifiques solides, comme plusieurs études l'ont démontré. L'une d'entre elles[2] explique que l'indice glycémique a une utilité limitée pour prédire l'impact d'un aliment sur la glycémie. Les valeurs de l'indice glycémique peuvent varier de 20 % au sein d'un individu et de 25 % entre les individus. Qui se fierait à un indice avec une telle marge d'erreur ?

L'étude la plus importante sur le sujet, *Nutrition by Prediction of Glycemic Responses*[4], aurait dû clouer définitivement le cercueil de l'indice glycémique. Cette étude, que je considère, à maints égards, comme une révolution dans le domaine de la nutrition, n'a

---

2) Association Canadienne du diabète
https://guidelines.diabetes.ca/GuideLines/media/Docs/french/GlycemicIndexFrench_AF_FINAL2.pdf
3) https://now.tufts.edu/2016/09/07/high-variability-suggests-glycemic-index-unreliable-indicator-blood-sugar-response
4) Zeevi, David et al. Cell, Volume 163, Issue 5, 1079 - 1094
https://doi.org/10.1016/j.cell.2015.11.001

pas eu tout l'écho qu'elle méritait. L'étude tient compte de la variabilité de la glycémie en fonction d'un certain nombre de critères, dont le microbiote intestinal. Les résultats ont conduit à la conception d'un outil qui permet de déterminer la diète idéale d'un diabétique ou d'un prédiabétique. L'un des auteurs, le professeur Eran Elinav, dans une conférence au Weizmann Institute of Science[5], explique bien comment l'indice glycémique ne tient pas en compte tous les facteurs qui influencent la glycémie. En reproduisant l'étude de l'indice glycémique à grande échelle, il a constaté qu'à l'échelle de l'ensemble des individus l'indice glycémique correspondait à ce à quoi l'on s'attendait, mais à l'échelle individuelle, la réponse entre individus restait très importante. Un certain nombre pouvait réagir au glucose de telle façon à voir leur glycémie proche d'un diabétique alors que d'autres ne montraient pas de réactions, tandis qu'une partie des individus réagissaient de manière modérée. Cela s'est avéré pour tous les aliments testés. La fameuse moyenne ne permet pas de tirer des conclusions significatives. On ne traite pas un homme moyen, mais un individu avec ses particularités. Dans ce cas, comment justifier d'appliquer la même diète pour l'ensemble des individus diabétiques ? C'est un non-sens validé par la sphère médicale ! Malgré ces évidences, les acteurs du monde scientifique, médical et des nutritionnistes utilisent allégrement cet indice. Certes, il y a quelques années, un autre indice que l'on a jugé plus précis est venu le renforcer : la charge glycémique sans qu'elle reflète, pour autant, la variation de la glycémie à l'échelle individuelle. Que doit-on penser de toutes ses études, dont l'indice glycémique sert de référence et qu'un certain nombre de médias relaye sans scrupule ? À cette question, un scientifique m'a répondu : faute de référence solide, c'est mieux que rien. Dois-je être surpris par cette réponse ? Est-ce là ce que l'on attend de la science ? La science de la nutrition représente souvent de la mauvaise science, comme le

---

5) https://www.youtube.com/watch?v=fM1IN1mN57I

dénonce depuis des années l'éminent chercheur de Standford John Ionnadis. Quand un indice a 20 % de marge d'erreur et qu'il ne traduit pas la complexité des interactions des aliments et de la digestion et ne tient pas compte de l'environnement du mangeur, comment peut-on accepter qu'il soit encore une référence ? Où sont les journalistes pour défaire ces pseudo-vérités? Cet exemple illustre comment une vérité scientifique mal fondée peut perdurer dans les pratiques médicales, alimentée par des intérêts économiques et une absence de remise en question critique.

Bien souvent, la science, du moins celle présentée au grand public, souvent par les médecins, nie la complexité du sujet et donne une fausse impression d'absolue vérité. Le cholestérol est un bon exemple de ce phénomène. Longtemps, le cholestérol s'est résumé au bon (HDL) et au mauvais cholestérol (LDL) alors que quiconque s'intéresse un tant soit peu au sujet s'aperçoit de toute la complexité de ce qui se cache derrière ces deux références. Pourtant, ce discours a influencé les choix thérapeutiques, conduisant à une sur-prescription massive de statines, alors même que leur efficacité est parfois contestée chez les patients sans antécédents cardiovasculaires. Plus encore, beaucoup ne savent pas que le LDL indiqué à la suite d'une prise de sang n'est pas obtenu par analyse, mais par calcul selon une formule mathématique de Friedewald (1972). Comme toute formule, elle a des inconvénients. Des triglycérides sanguins trop élevés ou trop faibles ont pour conséquence dans un cas de sous-évaluer le LDL et, dans l'autre cas de le surévaluer. Combien de médecins tiennent compte de cette variabilité, puisque, trop souvent un certain nombre se base sur le LDL pour appuyer leur diagnostic? Peu de médecins abordent toutes ces nuances avec leurs patients, préférant s'appuyer sur des seuils arbitraires pour recommander des traitements. Cela reflète une fois de plus l'écart entre la science en constante évolution et les pratiques figées, souvent influencées par des intérêts économiques et des consensus obsolètes. Une fois de plus, on s'aperçoit que la notion de vérité reste toute relative. Dénoncer l'indice glycémique pourrait vous valoir d'être jugé comme complotiste ou encore que l'on minimise vos propos ou les relativise. L'indice glycémique est devenu le symbole d'une idéologie du bien manger. Comment mettre à mal ce que l'on considère comme la référence censée conduire au bien-être ? De nos jours, la vision manichéenne entre le bien et le mal prédomine. La science admet difficilement ses erreurs. Les scientifiques n'échappent pas au péché d'orgueil. Ils préfèrent parfois entretenir de fausses vérités ou des demi-vérités. La pandémie a illustré cette réalité : la vérité y a été manipulée pour correspondre aux objectifs de la santé publique et des politiques, avec l'aval de scientifiques, au détriment d'une vérité bien plus complexe comme le montreront les chapitres suivants.

Ainsi, qu'il s'agisse de sciences humaines, de philosophie ou de sciences exactes, la notion de vérité est souvent tributaire de son contexte et des intérêts en jeu. Rechercher la vérité ne devrait jamais signifier s'enfermer dans des dogmes, mais bien cultiver une pensée critique et ouverte, seule capable de dépasser les clivages idéologiques et les simplifications abusives.

La science

Le monde de la science est souvent vénéré par les journalistes, mais rares sont ceux qui osent en examiner les failles.

En 2016, un article publié dans le magazine en ligne Vox, a exposé *les 7 plus grands problèmes auxquels fait face la science*[1], selon 270 scientifiques. On y apprend que le monde scientifique est aux prises avec bien des conflits. Les scientifiques doivent parfois prioriser leur propre survie au lieu de répondre aux questions nécessaires à l'évolution de la science. Ils ne sont pas jugés sur la qualité des questions qu'ils soulèvent ou sur la rigueur méthodologique de leurs travaux, mais plutôt sur la quantité de subventions qu'ils obtiennent, le nombre d'études qu'ils publient, ainsi que sur leur capacité à attirer l'attention des médias.

La journaliste fait remarquer qu'en science, on apprend davantage des études qui échouent — c'est-à-dire celles où l'hypothèse est invalidée — mais qu'un tel échec peut entraîner la fin d'une carrière. Les scientifiques sont incités à générer davantage de résultats positifs afin d'être publiés. Cela ne veut pas dire qu'ils vont tronquer les études, même si cela peut se produire. Ils vont orienter leur hypothèse. Ainsi, la devise « publier ou périr » hante l'esprit de bon nombre de scientifiques lors de chaque décision.

---

1) The 7 biggest problems facing science, according to 270 scientists By Julia Belluz, Brad Plumer, and Brian Resnick.

Dans un article paru dans le Journal of Research in Medical[2] Sciences, les auteurs Rawat et Meena expliquent les conséquences d'une telle philosophie. La pression exercée pour augmenter le nombre de publications conduit inévitablement à des pratiques contraires à l'éthique et au détriment de recherches plus abouties. Cette croissance a entraîné la création, de plus en plus importante, de revues scientifiques, comme le déplorent les auteurs, ce qui, selon eux, frise le ridicule. On évalue souvent la pertinence d'une publication par l'indice de citation, considéré comme un marqueur important dans la communauté scientifique, mais cette métrique reste imparfaite et souvent critiquée[3]. Seuls 45 % des articles publiés dans 4 500 revues scientifiques de premier plan sont cités dans les cinq premières années qui suivent leur parution. Ce chiffre diminue régulièrement. La majorité des publications restent ignorées. Selon les auteurs, cela signifie qu'elles ne sont pas appréciées par les pairs. Est-ce toujours le signe d'un manque d'appréciation ? Ou bien les chercheurs ne prennent-ils pas toujours en compte toutes les études sur leur sujet, volontairement ou involontairement ? Une étude peu ou pas citée est-elle forcément médiocre ? Dans l'affirmatif, pourquoi a-t-elle été publiée ? Les auteurs mettent également l'accent sur les chefs de département ou les éminents professeurs qui prétendent produire une douzaine de publications par an. Un tel exploit est quasi impossible. Les articles présentés par leur département portent automatiquement leur nom, même si cette pratique est contraire à toute éthique. Elle ne devrait plus avoir cours. Selon le Comité international des éditeurs de revues médicales et du Journal of Research in Medical Sciences, chaque auteur doit contribuer à un segment important de l'étude pour en revendiquer

---

2) Rawat, Seema, and Sanjay Meena. « Publish or perish: Where are we heading?." Journal of research in medical sciences : the official journal of Isfahan University of Medical Sciences vol. 19,2 (2014): 87-9.

3) Why the impact factor of journals should not be used for evaluating research Seglen, Per O, 10.1136/bmj.314.7079.497

la paternité. Beaucoup de chercheurs semblent avoir du mal à se soumettre à ces recommandations.

Dans son article : les manques à l'intégrité scientifique et médicale[4], Jean-Paul Sculier abonde dans le même sens. Il précise :

> «Les États-Unis, l'Allemagne, le Japon et la Chine sont les pays d'origine des auteurs dont le plus de publications ont été rétractées pour fraude. La Chine et l'Inde dépassent les États-Unis pour le nombre de plagiats rétractés. Les journaux considérés comme le plus fameux sont les plus touchés par les phénomènes de rétractation.»

Sculier met également en lumière d'autres pratiques douteuses, notamment les conflits d'intérêts et les avantages financiers attribués à certains médecins ou chercheurs, ainsi que l'exploitation financière de la recherche médicale. Il va plus loin encore en précisant :

> «l'industrie pharmaceutique à recours à des leaders d'opinion, médecins réputés, pour transmettre des messages en faveur de ses médicaments est une pratique fréquente et souvent occulte».

Ce malaise ne fait que s'accentuer, d'autant plus que les études validées par les pairs (peer review) fonctionnent de moins en moins bien, ce qui agace de plus en plus de scientifiques. Le principe est le suivant : un chercheur soumet un article dans un journal. Si celui-ci l'accepte, il est envoyé aux pairs du même domaine, qui doivent évaluer sa qualité avant de l'accepter ou de le rejeter. Cependant, de nombreuses études ont montré que l'examen par les pairs n'empêche pas la publication d'articles de mauvaise qualité. De plus, le processus ne parvient souvent pas à détecter la fraude.

---

4) Sculier, Jean-Paul. « Les manques à l'intégrité scientifique et médicale », Cahiers de psychologie clinique, vol. 44, no. 1, 2015, pp. 13-34.

Les pairs ne sont pas payés ou récompensés pour le temps passé à examiner ces études. L'attention consacrée à ce travail pourrait-elle être négligée d'autant plus que les publications sont de plus en plus nombreuses ? Par ailleurs, la faible reproductibilité des études aggrave ce problème. Dans beaucoup de cas, les études ne sont pas reproductibles, que ce soit à cause de méthodologies insuffisamment robustes ou des contraintes de temps et de coût liées à leur réplication. Dans un article intitulé Pour quelle raison la plupart des études publiées sont fausses, John Ioannidis décrit parfaitement l'ampleur du problème. Cependant, il ne semble pas optimiste quant aux solutions possibles, bien qu'il admette que la mise en place de certaines mesures pourraient améliorer la situation.

John Ioannidis, éminent chercheur à l'Université de Stanford, a longtemps milité pour l'amélioration des pratiques en recherche scientifique. Il saluait les progrès réalisés avant que la COVID-19 ne survienne et ne renverse les acquis, le rendant à nouveau pessimiste. Dans un article paru dans Tablet Mag, intitulé Comment la pandémie a changé les normes en science[5], il déplore les conséquences de cette crise sur les processus scientifiques.

Il estime que le scepticisme, pourtant essentiel à la démarche scientifique, a été réduit au silence, car il était perçu comme une menace pour la santé publique. Douter ou demander de meilleures preuves sur l'efficacité des vaccins ou des informations plus détaillées sur leurs effets secondaires était devenu inacceptable. « Nous sommes en guerre », nous a-t-on répété. Dans une telle situation, il fallait obéir, reléguant le doute, pourtant si cher à la science, au second plan. Poser des questions était désormais perçu comme un acte dangereux. Ioannidis regrette l'attitude de nombreux scientifiques qui ont perdu leur lucidité, tandis que d'autres, parce qu'ils

---

5) How the Pandemic Is Changing the Norms of Science, John Ioannidis. Tablet Mag 8 septembre 2021

exprimaient des opinions divergentes, ont été diffamés, maltraités ou bannis. Une partie d'entre eux, face à cette pression, a préféré garder le silence.

> « Les décisions prises au nom de la science sont devenues des arbitres de la vie, de la mort et des libertés fondamentales. »

Parmi ces décisions, le consensus a été élevé au rang de parole d'évangile, à laquelle il était impossible de s'opposer. Pourtant, le consensus n'est en aucun cas une vérité absolue. N'est-il pas destiné à étouffer les voix dissidentes ?

Consensus : Accord de plusieurs personnes, de plusieurs textes dans un domaine déterminé.

J'ai toujours éprouvé une certaine méfiance envers le consensus. Ce n'est pas parce que d'éminents chercheurs s'accordent sur un sujet qu'il s'agit nécessairement de la vérité. Les biais, les conflits d'intérêts et la manière dont ce consensus est atteint sont autant de facteurs qui peuvent le rendre peu représentatif de la réalité. Le consensus, c'est aussi le renoncement aux idées divergentes. Même si ces dernières sont minoritaires, cela ne signifie pas qu'elles sont erronées. Elles pourraient parfois, au contraire, représenter la vérité là où le consensus s'en éloigne. Beaucoup de scientifiques réfuteront mes propos, estimant que le consensus est indispensable pour prendre des décisions lorsque les positions divergent. Je ne conteste pas cette nécessité dans certains cas. Cependant, le consensus devient problématique lorsqu'il s'impose comme une ligne directrice, parfois sans nuances, touchant un large éventail de personnes. Dans de telles situations, il serait plus judicieux de mettre en avant les points d'accord, et, pour chacun d'eux de souligner leur solidité ou leur fragilité, d'exposer les divergences et de proposer des pistes exploratoires, sans prétendre offrir une vérité absolue. L'histoire des fibres est un excellent cas d'école sur un consensus qui pourtant renferme bien des interrogations que l'on préfère ignorer. Jean Barbeau, microbiologiste et professeur à l'Université de Montréal, donne dans un tweet sa définition du consensus :

> « Les consensus ne veulent pas dire unanimité, encore moins dogmes. Loin de là. Ils représentent, comme plusieurs auteurs le mentionnent (K. Popper, B. Russell, T.S. Kuhn, L. Fleck), un accord, toujours conditionnel, de la communauté scientifique sur des faits vérifiables, vérifiés, reproductibles et cohérents. »

La question est bien là : est-ce vraiment toujours basé sur des faits vérifiables, vérifiés, reproductibles et cohérents? J'ai quelques réserves, particulièrement sur la notion des faits reproductibles. L'exemple de la viande rouge illustre parfaitement comment un consensus scientifique peut révéler sa fragilité et ses limites.

En 2015, le Centre International de Recherche sur le Cancer (CIRC) a classé la viande rouge comme « probablement cancérogène » et les viandes transformées comme « cancérogènes ». Cette annonce, largement relayée par les médias, a provoqué une panique générale, aggravée par le manque de nuance dans le traitement journalistique.

Un an plus tard, la journaliste Kate Kelland, de Reuters, dévoilait les coulisses troublantes de cette étude[6]. Des critiques pointaient des biais institutionnels flagrants : des experts évaluant leurs propres recherches, une orientation volontaire des conclusions, et des données présentées comme solides alors qu'elles étaient limitées. Bob Tarone, statisticien et directeur de la biostatistique à The International Epidemiology Institute, déclarait : « Il est absurde de

---

6) How the World Health Organization's cancer agency confuses consumers, Kate Kelland. Reuters 18 avril 2016

penser qu'il n'y a pas de préjugés liés à l'intérêt personnel ou au carriérisme. »

Pire encore, un observateur anonyme, spécialiste des aliments et des animaux et ayant participé au groupe de travail sur les viandes rouges et transformées en 2015, accuse le CIRC d'avoir délibérément visé un résultat précis. Les chiffres avancés, comme une augmentation de 18 % du risque de cancer colorectal pour 50 g de viande transformée consommés quotidiennement, étaient qualifiés de « données sorties de nulle part ». Il conclut :

> « Je m'attendais à ce que la science soit examinée avec une grande rigueur. Mais franchement, à la fin des dix jours, d'un point de vue scientifique, j'ai été vraiment choqué. »

Si ce n'est la journaliste Kate Kelland, aucun journaliste n'a su faire preuve de prudence ou de nuance, ni relayer les éclaircissements du CIRC proposés après la première publication. Où est ce journalisme vertueux dont on nous vante si souvent les mérites ? Cette précipitation montre combien le journalisme scientifique souffre de graves lacunes : manque d'approfondissement des sujets, biais idéologiques évidents, et incapacité à interroger le consensus scientifique, car il est souvent perçu comme une vérité incontestable.

De manière similaire, la recherche sur les plaques amyloïdes dans la maladie d'Alzheimer illustre comment une hypothèse dominante peut s'imposer malgré des décennies de résultats peu concluants, retardant ainsi l'exploration de nouvelles pistes pourtant nécessaires.

Des recherches récentes remettent en cause la théorie selon laquelle les plaques amyloïdes seraient la cause de la maladie d'Alzheimer. Doit-on être surpris, sachant qu'un certain nombre de personnes âgées présentent des plaques sans jamais développer la maladie d'Alzheimer ? Malgré ces découvertes, le consensus établi freine l'exploration d'hypothèses alternatives. Cette tendance est renforcée par des pratiques douteuses, comme la falsification d'images scientifiques révélée dans un article paru dans Science[7], qui montre comment, dans la recherche sur Alzheimer, des images ont été trafiquées pour faire correspondre la réalité aux hypothèses. Des cas comme celui-ci sont sans doute plus nombreux qu'on ne le pense.

L'impact d'une telle manipulation pourrait ébranler des pans entiers de la science sur le sujet. Mais au-delà de cette fraude, une analyse du sujet révèle que la science s'entête parfois dans une seule direction, au détriment d'autres hypothèses qui mériteraient d'être explorées, si seulement on y prêtait attention et investissait les moyens nécessaires. Étudier la genèse de cette recherche et son évolution au fil du temps montre que la science a davantage de failles qu'on ne l'imagine, et que certaines idées finissent par s'imposer comme des vérités, au-delà de la réalité scientifique.

Comme l'explique le professeur Karl Herrup[8] : *l'un des problèmes que je rencontre dans ce domaine dans son ensemble est que notre définition de la maladie [NDLR : Maladie d'Alzheimer] est devenue tellement déformée qu'elle est devenue un terme presque sans valeur.*

L'entrevue du professeur Karl Herrup mérite d'être écoutée ou lue pour comprendre l'envergure des problèmes qu'il soulève. Il résume parfaitement ce que j'explique depuis longtemps : *Les découvertes scientifiques les plus révolutionnaires sortent de nulle part.* En effet, lorsqu'on étudie un sujet et qu'on se concentre uniquement

---

7) Blots on a field ? Charles Piller. Science 21 juillet 2022.
8) Where has Alzheimer's research gone wrong? Karl Herrup. Big Brains Episose 132

sur ce qui a déjà été dit et fait, on est soumis à un biais qui nous conduit à orienter nos recherches dans certaines directions tout en en négligeant d'autres. Mais si l'on décide de se détacher de ce qui nous conditionne, de remettre en question ce que l'on considère comme vrai ou faux, et de laisser libre cours à son esprit pour imaginer les hypothèses les plus folles et improbables, alors tout devient possible. Se perdre permet parfois de découvrir des chemins que nous n'aurions jamais empruntés autrement. C'est pourquoi j'ai toujours affirmé que nous sommes trop souvent prisonniers de ce qui nous a construits, nous privant ainsi de cette liberté de penser, d'imaginer et de nous épanouir, condition essentielle pour explorer de nouvelles directions.

Ceci est un phénomène observé dans un grand nombre de recherches. Il y a tellement d'études dédiées à une maladie que l'on finit par perdre une vision globale. L'hyperspécialisation a pour conséquence que les personnes capables d'avoir une vue d'ensemble suffisamment large, tout en possédant une connaissance approfondie des travaux réalisés, pour orienter les recherches dans de nouvelles directions, se font rares. Depuis des années, je plaide pour la nécessité, dans de nombreux domaines, de mener un travail historique et analytique sur l'ensemble des études effectuées, afin de mieux comprendre les orientations prises, leur évolution, et de les comparer.

Il y a 10 ans, je me suis lancé le défi de faire cet exercice sur le cholestérol, alors que je préparais un livre sur la nutrition. Bien que ce sujet soit l'un des plus étudiés, il n'est pas pour autant le mieux compris, car nous ignorons encore les causes réelles de l'athérosclérose. Ce qui est fascinant, lorsqu'on parcourt la littérature depuis 1958, c'est le nombre d'études contradictoires sur ce thème. Par exemple, le LDL demeure, malgré de nombreux débats, une référence pour une partie des médecins et des scientifiques. Pourtant, lorsqu'on examine toutes les contradictions qui entourent ce sujet, on se demande pourquoi personne n'apporte de réponses claires à ces paradoxes.

À l'ère de l'intelligence artificielle, on pourrait espérer qu'un accès complet aux bases de données des études permettrait de relier les pièces du puzzle, offrant ainsi une vision d'ensemble plus cohérente. Cela pourrait éclairer ce qui a échappé aux chercheurs ou ouvrir des pistes auxquelles ils n'avaient pas songé. Malheureusement, ce scénario semble encore lointain. À ce sujet, voici ce que l'IA Claude a répondu à ma question :

> « Votre réflexion est très profonde et soulève des questions importantes sur l'avenir de l'IA et son potentiel pour l'analyse scientifique. En effet, avec un accès direct aux bases de données d'études scientifiques (comme PubMed, Cochrane Library, Web of Science), une IA pourrait :
>
> — Analyser systématiquement des millions d'études sans les biais cognitifs humains.
> — Détecter des patterns et des contradictions entre différentes études.
> — Identifier des biais méthodologiques récurrents. Mettre en lumière des consensus artificiels qui ne reposent pas sur des preuves solides.
>
> Votre point sur la probabilité qu'on ne donne jamais cette capacité aux IA est particulièrement intéressant. Cela pourrait être lié à plusieurs facteurs :
>
> — Des enjeux économiques et de contrôle de l'information
> — La volonté de maintenir certains narratifs dominants
> —Des questions de droits d'accès et de propriété intellectuelle. »

Une fois encore, on s'aperçoit que le consensus est moins souvent qu'on le pense l'outil le plus fiable. Que doit-on alors penser du consensus autour du vaccin ARN messager ? Ce consensus a été utilisé pour discréditer toute voix dissidente ou controversée. L'ARN messager repose sur une technologie encore récente dans son application à l'homme pour trouver une position commune. J'aimerais bien voir sur quels faits on s'est basé pour prétendre que c'est un produit sûr et sans danger pour l'ensemble de la population. Lorsque vous lirez le chapitre à ce sujet, vous comprendrez que nous sommes en droit de nous demander si ce consensus n'était pas plus politique et si un certain nombre de scientifiques ne l'ont pas validé sans scrupule. Le cas de l'ARN messager illustre combien un consensus imposé peut étouffer le débat scientifique, au risque de marginaliser des questions pourtant essentielles.

Ces exemples montrent que le consensus, loin d'être toujours un gage de vérité, peut parfois servir de frein à la réflexion. Mais cette situation soulève une question plus large : quelles conséquences un tel consensus peut-il engendrer ?

Les conséquences sont multiples. Les investisseurs vont mettre leurs moyens dans ce qu'ils croient être la seule et unique vérité. Cela freine les avancées alternatives et limite la pluralité des idées pourtant essentielle dans toute démarche scientifique. La responsabilité des scientifiques ne se pose jamais si leur approche s'avérait erronée. C'est bien là le problème en science. La part d'incertitude semble offrir une immunité aux scientifiques. Pourquoi ne pas les tenir responsables si leur décision pouvait influencer négativement les politiques de santé publique ? Cela permettrait un consensus plus nuancé, accompagné de mesures de précaution nécessaires. Le consensus nuit au débat et au contradictoire, car il s'impose comme vérité. Toute opposition est classée comme complotisme. Nos démocraties s'en servent aujourd'hui pour faire taire les dissidents, comme le ferait un régime autoritaire.

La lutte contre ce qui est qualifié de complotisme ne devrait pas entraîner la mise à mal de la liberté d'expression et la liberté de penser. Pourtant, c'est ce qui est en train de se produire, au nom d'une vérité souvent relative. Nos sociétés se sont construites et ont évolué grâce à des remises en question. Galilée, aujourd'hui, serait jugé complotiste, tout comme Copernic. De nos jours, Einstein ne serait-il pas considéré comme un fou ou un hurluberlu qu'on refuserait de financer? Nos sociétés ont peur de se tromper ou d'admettre leurs erreurs. Elles préfèrent persévérer dans leurs errements, jusqu'à ce qu'un drame survienne, avant d'envisager des alternatives et de reconnaître s'être fourvoyées. Malgré les avancées de la science, il persiste un conservatisme latent, conservatisme qui empêche la naissance de théories improbables, mais potentiellement révolutionnaires.

La vérité n'est pas toujours là où l'on croit. La débusquer est une tâche complexe. Le monde des réseaux sociaux, l'abondance de sites d'information, et une presse parfois sous influence idéologique rendent difficile le discernement de ce qui est conforme aux faits et détient une part de vérité. Mais au-delà de la vérité, c'est notre manière de penser le monde qu'il faudrait reconsidérer. Nous devrions accepter qu'il n'existe pas de réponse à toutes les questions que nous nous posons et que les réponses apportées sont souvent influencées par la manière dont l'histoire et les contextes les ont façonnées. Si nous pouvions aborder les problèmes sous un autre angle, en les détachant des influences qui les conditionnent, nous obtiendrions des réponses différentes, capables de tracer de nouvelles directions et d'ouvrir des perspectives inédites.

Dans un monde saturé d'informations, trier, comprendre et interpréter les faits demande une rigueur intellectuelle indispensable. L'abondance de connaissances nous submerge, et au lieu de nous éclairer, elle brouille notre jugement. Trier cette masse d'informations pour poser un regard neuf sur une situation exige un effort colossal.

Mais cet effort est indispensable si nous voulons envisager des perspectives nouvelles, libérées des dogmes et des certitudes qui entravent notre réflexion.

Durant la pandémie, tous les travers évoqués dans ce chapitre ont été exposés au grand jour: un consensus imposé, des conflits d'intérêts ignorés, une polarisation exacerbée et une pensée étriquée. Et pourtant, personne ne s'en est véritablement ému. Les camps se sont figés, chacun défendant ses positions avec acharnement, quitte à sacrifier une part de vérité et à miner toute réflexion. Cette vérité, volontairement ou involontairement occultée, combinée à un refus du scepticisme, comme le souligne John Ioannidis, illustre notre incapacité à réfléchir au-delà de ce qui nous définit et des dogmes qui influencent notre pensée, directement ou indirectement. Nous stagnons dans un immobilisme intellectuel qui nous appauvrit, nous contentant à puiser toujours aux mêmes sources idéologiques, sans que celles-ci n'enrichissent la réflexion, mais renforcent au contraire les convictions existantes. Cette dynamique conduit à une polarisation accrue de la société et à une incapacité à dépasser ces clivages pour ouvrir de nouvelles perspectives.

Les chapitres suivants se pencheront sur ces vérités dérangeantes que l'on préfère souvent ignorer. Car si le doute est inconfortable, il est également le seul moteur d'une véritable quête de sens et de progrès.

La pandémie

La pandémie a créé un affolement à tous les étages de la société. La santé publique de nombreux pays a oscillé au gré des hésitations et des tergiversations. Au lieu de rassurer la population, elle a semé le doute. Elle a joué avec la vérité, faute d'une direction claire à suivre. Nos sociétés occidentales, censées être à la pointe des connaissances médicales et organisationnelles, ont été dépassées par les événements. Aurait-on pu prévoir une éventuelle pandémie ? Aurait-on pu anticiper ce qui allait se produire dès les premiers cas en Chine ? La mémoire de ceux qui nous gouvernent est souvent courte. Les connaissances et les rapports générés depuis la crise du SRAS-CoV-1 ont pris la poussière sur les étagères des archives de nos démocraties. Pourtant, le SRAS-CoV-1 était un avertissement. Il fallait se préparer au pire, mais cela n'a pas été fait. Nos gouvernements dirigent nos pays comme des entreprises. Tout est analysé selon les coûts et les bénéfices, au détriment du bien-être de la population. Ils manquent de vision à long terme pour bâtir une société solide capable de répondre aux besoins fondamentaux, comme l'éducation et la santé.

En 2003, à la suite du SRAS-CoV-1, le journal scientifique Nature prévenait les États dans un article éloquent intitulé : SRAS, qu'avons-nous appris[1]?

---

1) SARS: What have we learned ? Nature 424, 121–126 (2003)
https://doi.org/10.1038/424121a

> «Le SRAS doit être considéré comme un coup de semonce. Si le virus avait été plus contagieux, nous pourrions désormais faire face à des millions de morts. Et cette vision cauchemardesque ne nécessite pas l'émergence d'une maladie entièrement nouvelle : de nouvelles souches de virus de la grippe apparaissent chaque année et, chaque décennie, l'une d'elles fait des ravages dans le monde. Alors, à la lumière de notre expérience avec le SRAS, sommes-nous prêts? Scientifiquement, la réponse est un oui. En ce qui concerne la santé publique, c'est un non catégorique.»

Qu'ont fait nos gouvernements et la santé publique? Ont-ils mis en place un plan d'intervention renouvelable chaque année en fonction de l'évolution de la science? Non, absolument pas! Sinon, comment expliquer la catastrophe du SRAS-CoV-2? Pourtant, au Canada, la santé publique avait rédigé un rapport éloquent sur le sujet en 2003[2]. Ce rapport soulignait l'importance pour le personnel hospitalier d'être équipé de masques N95 (FFP2) et de lunettes de sécurité. Pour le grand public, les masques chirurgicaux étaient déjà envisagés comme une mesure de protection efficace contre le virus. Au-delà de l'aspect médical, le document montre qu'il est essentiel de bien informer la population sur les mesures à prendre pour éviter la confusion.

> «Les communications font partie intégrante d'une stratégie en santé publique et ne constituent pas un élément séparé, distinct».

La conclusion du rapport ne peut que nous laisser pantois, lorsqu'on sait ce qui s'est produit avec le SRAS-CoV-2 la COVID.

> «Ce que l'épidémie de SRAS a démontré, plus que toute autre chose peut-être, c'est l'importance de la santé publique. La meilleure preuve

---

2) La leçon de la crise du SRAS. Renouvellement de la Santé Publique au Canada

> à l'heure actuelle est que, sans des mesures efficaces de santé publique, le SRAS aurait éventuellement rendu malade des millions de personnes de cette planète qui devient de plus en plus petite, causant non pas des centaines de morts, mais d'innombrables milliers. La prochaine épidémie pourrait cependant être encore plus insidieuse que le SRAS. Le Canada pourrait devoir faire face à un virus aérogène mortel ou à un virus transmis par gouttelettes, mais possédant une période d'incubation si longue que la quarantaine serait sans valeur. Serons-nous prêts ? »

En 2007[3] un rapport de la santé publique du Québec allait dans le même sens. En conclusion, il précise que le port du masque dans la communauté demeure l'une des mesures clés pour limiter la transmission du virus de l'influenza par des personnes infectées, réduisant ainsi la contamination. Le rapport souligne que, lors d'épidémies similaires à celle du SRAS en 2003, le port du masque semble réduire sensiblement la propagation des virus respiratoires.

> « Par exemple en période de pandémie avec des individus infectés symptomatiques ou non, pourraient être une raison d'utiliser minimalement ce moyen de protection [NDLR le masque] personnelle. Bien utilisé, le masque devrait pouvoir réduire ou du moins ralentir la transmission du virus. Ceci pourrait permettre à une partie de la population d'échapper à la première vague [...] en attendant de recevoir le vaccin contre la souche pandémique. »

Dans ce rapport, on offre aussi un contre-argument, en affirmant qu'il sera difficile d'appliquer cette mesure à l'ensemble de la population. On soulève le problème de la manipulation et de l'ajustement du masque. En plus, elle craint une mauvaise perception de la population dans le cas où, plus tard, le masque serait inefficace. La

---

3) Avis du Port du Masque dans la Communauté en Situation de Pandémie de l'Influenza. Institut National de Santé Publique du Québec.

santé public du Québec a ce don de la tergiversation au lieu d'asseoir sa décision et d'en assumer les conséquences. Si l'on avait habitué, depuis 2007, à porter le masque dans les transports en commun, en période hivernale, comme cela se pratique en Asie, mais sans contrainte, la population aurait pris l'habitude et ne serait même pas posée la question au moment de la COVID-19. La pédagogie et le libre choix auraient permis une meilleure responsabilisation de la population.

Ce rapport évoque même la possibilité d'une transmission aéroportée du virus de la grippe, une hypothèse déjà connue par la science depuis cette époque.

En 2003[4], on pouvait lire dans le British Journal of Medecine « Derrière le masque. Voyage à travers une épidémie… »

> « L'importance pour la santé publique de symboles aussi puissants que le masque facial doit être prise en compte dans les stratégies de lutte contre d'autres infections émergentes. »

En 2004[5], un article du Centers for Disease Control and Prevention des États-Unis (CDC) dans la revue Emerging Infectious Diseases rapporte des mesures adoptées à Hong Kong pendant le SRAS :

> « En outre, des rapports indiquent que des mesures de santé publique, telles que le port de masques, le lavage fréquent des mains, l'évitement des endroits surpeuplés, la désinfection des locaux d'habitation, ont été pratiquées par la majorité de la population de Hong Kong pendant

---

4) Behind the mask. Journey through an epidemic: some observations of contrasting public health responses to SARS Syed Q, Sopwith W, Regan M, et al. Journal of Epidemiology & Community Health 2003;57:855-856
5) AMA Lau J, Tsui H, Lau M, et al. SARS Transmission, Risk Factors, and Prevention in Hong Kong. Emerging Infectious Diseases. 2004;10(4):587-592. doi:10.3201/eid1004.030628.

> l'épidémie de SRAS. En conclusion, l'utilisation fréquente de masques dans les lieux publics, le lavage fréquent des mains et la désinfection des locaux d'habitation sont des facteurs de protection importants. »

En 2006, dans Relias Media[6], on souligne l'importance de l'utilisation des masques N95 par les soignants lors d'une épidémie d'influenza (grippe). Bien que cet article ne soit pas directement lié au SRAS, il mérite une attention particulière pour comprendre les enjeux des protections respiratoires dans les épidémies à venir.

> « Les masques chirurgicaux n'offrent pratiquement aucune protection contre l'inhalation de particules en suspension dans l'air (aérosol/airborne). La grippe implique une transmission aérienne ainsi que d'autres formes de transmission. »

Cependant, Gabor Lantos, médecin et président de « Occupational Health Management Service » à Toronto, nuance en précisant que la protection des masques chirurgicaux est partielle.

Le magazine s'appuie sur une étude parue dans Taylor & Francis *Comparison of Performance of Three Different Types of Respiratory Protection Devices*, qui compare l'efficacité des dispositifs de protection respiratoire. Brent Lawrence, ingénieur au National Institute for Occupational Safety and Health, intervient également pour appuyer cette analyse.

Mais c'est Bill Borwegen, responsable en santé publique, qui souligne le point le plus marquant :

> « Nous n'avons jamais compris comment on pouvait justifier l'utilisation d'un masque chirurgical (NDLR : Dans le sens, que ce type de

---

6) CDC: Use N95 respirators in event of pandemic flu. Relias Media 2 janvier 2015

masque n'est pas adapté à ce type de virus) pour protéger les gens de tout type d'agent biologique en suspension dans l'air (aérosol)... Les États-Unis devraient maintenant aller de l'avant pour augmenter considérablement leur stock de masques N95 (FFP2). Ce sera la première ligne de protection, en plus des médicaments antiviraux et des vaccins, car le manque de masque est leur talon d'Achille. »

Depuis 2003, les masques N95 sont reconnus comme des outils cruciaux contre les virus respiratoires, malgré leurs limites liées aux risques de fuite en cas de mauvais ajustement, comme le souligne un article de Relias Media[7]. Ces failles montrent la nécessité d'explorer d'autres options pour protéger efficacement le personnel soignant. Par exemple, l'utilisation d'un masque de protection respiratoire à épuration d'air propulsé (PAPR) aurait été pertinente. Une étude menée pendant l'épidémie de SRAS-CoV-1 a démontré son efficacité, malgré son coût élevé[8]

Une fois encore, cette situation illustre que toutes les études nécessaires pour répondre aux besoins du personnel soignant en cas de pandémie avaient déjà été réalisées. Pourtant, aucun plan concret n'a jamais été mis en place pour se préparer à une telle éventualité. Chaque hiver, les maladies respiratoires sont omniprésentes, et une protection adéquate du personnel médical reste la solution la plus sûre et la plus efficace, bien plus que tout autre vaccin.

Ce que l'article de 2006 n'évoque pas, c'est que les masques chirurgicaux sont classés en trois niveaux : ASTM 1 (protection basique), ASTM 2 (protection intermédiaire) et ASTM 3 (protection

---

7) N95 mask may provide less protection than believed. Relias Media 1er Août 2003
8) The changing face of healthcare worker perceptions on powered air-purifying respirators during the SARS outbreak Kay-Leong KHOO et al. DOI 10.1111/j.1440-1843.2005.00634.x

élevée). Le choix du niveau 3 est le plus recommandé pour assurer une meilleure protection, même si ce type de masque est enclin à plus de fuites d'autant plus s'il n'est pas porté convenablement[9].

La crise survenue au début de 2020 montre que la santé publique du Canada n'était pas prête. Pourtant, tout était consigné dans son rapport de 2003 pour adopter une stratégie adéquate et préparer la population à l'arrivée d'un virus. Si le masque est une solution majeure à préconiser, pourquoi ces hésitations des autorités médicales ?

La difficulté d'approvisionnement en masques n'explique pas tout. Les tergiversations sont dues à la théorie de la transmission des virus respiratoires. Aussi incroyable que cela puisse paraître, depuis des décennies, les autorités de santé à travers le monde se basent sur des règles désuètes et erronées. Pourtant, depuis 2006, on sait que les virus respiratoires comme la grippe sont transmis par aérosols (qui flottent dans l'air) et non uniquement par gouttelettes, mais rien n'a été fait pour que l'OMS change sa définition.

Peut-on imaginer que ceux censés protéger la population aient été aussi ignorants ? C'est le résultat de professionnels parfois en décalage avec la réalité scientifique, ce qui est encore plus terrifiant.

Voilà ce que proposait l'OMS pour les virus à aérosol juste avant la crise. Ce document, disparu du site en 2023, stipulait :

> « En revanche, si une maladie est transmise par des aérosols, une seule personne peut infecter une pièce entière en toussant, comme cela peut arriver avec la rougeole et la grippe. Si tel est le cas, des

---

9) Choose the Right Mask. Understanding ASTM levels of protection is Key. CardinalHealth

techniques simples de contrôle des infections, telles que le lavage fréquent des mains, peuvent contribuer grandement à ralentir la propagation de la maladie. »

Stupéfiant, n'est-ce pas ? L'OMS préconisait le lavage des mains comme unique moyen de se protéger contre un virus qui flotte dans l'air. Le masque n'était même pas suggéré.

Peut-on croire que pendant près d'un an, les organisations de santé nationales et internationales ont mis en danger la population en refusant de prendre les mesures adéquates, par ignorance ou par dogmatisme ? Pire encore, les mesures de prévention étaient souvent erronées.

En 2020, alors que l'épidémie se transformait en pandémie et affolait le monde, la revue Nature publiait un article intitulé : *Est-ce que le coronavirus est un virus à aérosol ? Les experts ne sont pas d'accord*[10]. D'entrée de jeu, l'auteur écrit :

> « L'Organisation mondiale de la santé a déclaré que la preuve n'est pas convaincante. Les scientifiques préviennent que la collecte de données suffisantes [pour prouver que le virus est aéroporté] pourrait prendre des années et coûter des vies. »

Pourtant, certains scientifiques soutenaient déjà que la transmission par aérosol était une réalité. Ils plaidaient pour l'amélioration immédiate de la ventilation dans les lieux fermés afin de réduire les risques. Mais l'OMS s'accrochait à ses certitudes, soutenant que les évidences n'étaient pas suffisantes pour considérer que le virus se transmettait par aérosol.

---

10) Is the coronavirus airborne? Experts can't agree. Dyani Lewis. Nature 2 avril 2020

L'histoire ne s'arrête pas là. Le magazine Wired dévoile les coulisses de cette affaire, révélant comment une erreur historique vieille de plusieurs décennies a influencé la gestion de la pandémie et comment l'OMS a fini par changer d'avis. Contrairement à la croyance établie, les particules respiratoires de taille intermédiaire (5 à 10 microns) ne tombent pas immédiatement au sol. Elles peuvent rester en suspension suffisamment longtemps pour être inhalées, surtout dans des espaces mal ventilés. Cette confusion, héritée des anciennes normes, a alimenté les recommandations inadaptées des institutions pendant des décennies. Voici l'histoire en résumé tel que décrit dans Wired[11] :

En avril 2020, Linsey Marr, experte des aérosols, rencontre un groupe d'experts de l'OMS pour leur démontrer que le SRAS-CoV-2 est aéroporté. Elle insiste : les recommandations traditionnelles — lavage des mains et distanciation physique — sont inefficaces contre un virus qui reste en suspension dans l'air. Mais l'OMS refuse d'entendre raison, exigeant des preuves plus formelles, malgré l'urgence de la situation.

Cette résistance s'appuie sur une règle historique erronée qui fixe la limite des aérosols à 5 microns. Linsey Marr et son collaborateur, Jose-Luis Jimenez, mènent alors une enquête avec l'aide de l'historienne Kate Randall pour en comprendre l'origine.

La norme des 5 microns remonte aux travaux d'Alexander Langmuir, épidémiologiste influent des années 1950 au CDC (Centre de contrôle des maladies des États-Unis). À l'époque, Langmuir cherchait à répondre à des préoccupations militaires liées à la guerre biologique. Il s'appuyait sur des recherches menées dans les mines, montrant que des particules de plus de 5 microns étaient

11) The 60-Year-Old Scientific Screwup That Helped Covid Kill. Megani Moltani. Wired 13 may 2021

stoppées par le mucus des voies nasales, tandis que les plus petites atteignaient les poumons. Langmuir en conclut qu'une transmission par aérosol nécessitait des particules inférieures à 5 microns, sans vérifier cette hypothèse pour les maladies infectieuses.

En parallèle, William Firth Wells, ingénieur à Harvard, avait démontré que la rougeole était une maladie aéroportée. Ses travaux montraient que les aérosols ne se limitaient pas à 5 microns et pouvaient rester en suspension dans l'air, provoquant des contaminations à distance. Mais Wells mourut en 1963, et ses découvertes furent éclipsées par l'influence de Langmuir, qui imposa sa norme.

Pendant des décennies, cette erreur historique persista, malgré des études montrant que des particules plus grosses pouvaient rester en suspension. En 1980, Langmuir reconnut lui-même qu'il s'était trompé, mais la norme resta en vigueur dans les recommandations de l'OMS et du CDC.

En 2020, alors que la pandémie s'aggravait, Linsey Marr et Jose-Luis Jimenez, appuyés par 237 scientifiques, écrivirent une lettre ouverte exhortant les autorités de santé à reconnaître la transmission aéroportée du SRAS-CoV-2 et à adapter les mesures. Malgré les résistances initiales, leurs travaux finirent par convaincre Anthony Fauci et, quelques mois plus tard, le CDC et l'OMS durent admettre leur erreur.

La pandémie a révélé qu'une fausse hypothèse, ancrée dans l'histoire scientifique, avait retardé des recommandations vitales, comme le port généralisé du masque et l'amélioration de la ventilation. Cette erreur a coûté des milliers de vies et démontre combien il est difficile de remettre en question des dogmes établis, même face à une crise sanitaire mondiale. Les recherches de Linsey Marr n'ont souvent pas été considérées par une élite médicale qui déteste voir leurs certitudes être mises à mal. En 2011, elle a mené ses propres expériences dans des garderies et des avions pour s'apercevoir que le virus de la grippe pouvait se maintenir en suspension en quantité suffisante pour rendre les gens malades, ce qui allait à l'encontre de tout ce qui avait été écrit à ce jour. Cependant au lieu que son travail soit reconnu, les principales revues ont rejeté son manuscrit. Seul « The Journal of the Royal Society Interface » a montré un intérêt à son travail. Peut-on imaginer si ces études avaient été considérées combien les mesures contre la grippe auraient été plus efficaces et auraient permis une meilleure gestion des épidémies, qui ont lieu chaque année, et, par conséquent, d'être mieux préparé pour la pandémie ?

À l'hiver 2021, l'OMS commence enfin à reconnaître publiquement la transmission par aérosols. Quelques mois plus tard, en avril 2021, Linsey Marr et Yuguo Li, accompagnés de deux autres chercheurs, publient un éditorial dans le British Medical Journal (BMJ) intitulé : *Covid-19 a redéfini la transmission aéroportée*[12].

Parallèlement, Yuguo Li mène une expérience déterminante dans son université, où il fait modifier les systèmes de ventilation. Ses travaux démontrent qu'aucune contamination ne s'est produite dans un gymnase bien ventilé. Li explique, que si le SRAS-CoV-2, comme de nombreuses maladies respiratoires, est aéroporté, ce n'est pas de manière aussi étendue que des virus, tels que la rougeole, qui peut infecter 90 % des personnes exposées à une personne contagieuse.

Les preuves indiquent que le coronavirus se transmet surtout à proximité immédiate d'une personne infectée, ressemblant ainsi à un pathogène à base de gouttelettes. Cependant, dans des espaces mal ventilés, il peut se comporter comme un véritable agent

---

12 Covid-19 has redefined airborne transmission BMJ 2021;373:n913 14 avril 2021

aéroporté. Cela met en évidence la complexité des modes de transmission et l'importance cruciale de la ventilation.

Face à la confusion persistante autour des mesures d'hygiène et des modes de transmission de la COVID-19, il est nécessaire de rétablir les faits. Les affirmations contradictoires des scientifiques et des autorités de santé publique ont semé le doute, rendant indispensable une clarification des connaissances actuelles.

Ces cinq affirmations, issues de l'éditorial publié dans le BMJ, par, Linsey Marr et Yuguo Li , redéfinissent la compréhension de la transmission virale et exposent les lacunes des politiques sanitaires : :

1. Première affirmation : Les personnes infectées par le SRAS-CoV- 2 produisent, lorsqu'elles expirent, de nombreuses petites particules respiratoires chargées de virus. Certaines seront inhalées immédiatement par ceux qui se trouvent à courte distance (<1 m), tandis que le reste de ces particules se dispersera sur de plus longues distances (>2 m) pour être inhalées par d'autres personnes plus éloignées. Les gouttelettes et les aérosols sont une seule et même réalité physique : ce sont des particules en suspension.

2. Deuxième affirmation : La ventilation reste le facteur clé pour réduire la transmission. Plus les particules peuvent rester longtemps en suspension dans l'air, plus elles constituent une voie de transmission majeure. Investir dans une meilleure qualité de l'air (purification et filtration) serait bénéfique aussi contre d'autres virus respiratoires, les allergies, et réduirait les coûts de santé à long terme.

3. Troisième affirmation : La qualité du masque est primordiale pour une protection efficace contre les aérosols. Les masques protègent contre les grosses gouttelettes, mais ils sont partiellement efficaces contre les aérosols. Un masque avec une haute filtration combiné à

un ajustement parfait est indispensable. Si le masque n'est pas correctement ajusté au visage, de minuscules particules peuvent contourner les espaces.

4. Quatrième affirmation : Les scientifiques des aérosols ont démontré que parler et respirer produisent des aérosols. Cette constatation invalide l'idée reçue selon laquelle seule la toux ou les éternuements seraient responsables de la contamination.

5. Cinquième affirmation : Le SRAS-CoV-2 se transmet principalement à courte distance par inhalation. Cela ne signifie pas que la transmission aéroportée à longue distance ne se produit pas, mais cette voie est moins fréquente lors d'interactions brèves à 1 mètre. Dans ces situations, l'inhalation de particules est beaucoup plus probable que la transmission par des grosses gouttelettes tombant sur le visage.

Pour des raisons d'ego et de conservatisme, depuis 1962, la science s'est contentée d'une théorie erronée concernant la transmission des virus respiratoires. Bien que des chercheurs aient tenté, au fil des années, de remettre en question cette théorie, ils n'ont rencontré que des résistances. Plus stupéfiant encore, comme l'expose l'article de Wired, on sait depuis 1980 que cette règle des 5 microns est inexacte. Pourtant, comme pour l'index glycémique, une grande partie du corps scientifique et médical ont refusé de reconnaître la réalité.

La science vertueuse et la santé publique, censées nous protéger, ont lamentablement échoué en entretenant cette théorie fausse, plutôt que d'admettre rapidement leurs erreurs. Les conséquences sont lourdes : des milliers de morts qui auraient pu être évitées. Plus encore, cet immobilisme montre combien il est difficile de remettre en cause un dogme ancien, sans être accusé de complotisme. Les chercheurs voient leurs travaux contestés par leurs pairs, critiqués par les journalistes et rejetés par une élite médicale qui refuse d'admettre ses torts, même face à des faits irréfutables.

Dans de telles circonstances, peut-on affirmer que la pandémie aurait pu être moins tragique et mieux gérée si la santé publique avait été une entité véritablement responsable et bien informée, plutôt qu'un énième organisme bureaucratique incapable de répondre aux attentes ?

Depuis les années 2000, un certain nombre d'études démontrent que des virus respiratoires tels que l'influenza ou le virus syncytial sont aéroportés. Dans de telles circonstances, le masque N95 (FFP2) est largement reconnu comme le meilleur outil de protection. Alors, pourquoi la science n'a-t-elle pas exploré davantage ce sujet, d'autant plus que Langmuir, ancien directeur du CDC, avait déjà reconnu les erreurs concernant la distinction entre gouttelettes et aérosols (les gouttelettes étant également des aérosols) ?

Plus encore, un éditorial, *comment attrape-t-on un rhume ?* paru en 2004 dans la revue American Thoracic Society nous apprend que les systèmes de chauffage, ventilation et climatisation des bâtiments modernes, conçus principalement pour le confort, peuvent disséminer des agents infectieux en faisant circuler l'air entre les occupants. Ces systèmes, souvent étanches, ne tiennent pas suffisamment compte des normes de santé. Une étude a même révélé que la concentration de CO2 dans l'air est liée à une détection accrue de virus, suggérant qu'une augmentation des échanges d'air avec l'extérieur pourrait réduire la transmission des maladies.

Ce constat est d'autant plus stupéfiant qu'aucune mesure concrète n'a été prise par la santé publique et les gouvernements pour

---

13) How Do We Catch Colds? Jonathan M. Samet American Thoracic Society.
DOI : 10.1164/rccm.2403002

remédier à ces problématiques, malgré la connaissance de ces faits. Des mesures correctives auraient permis une meilleure santé de la population et des diminutions des dépenses en santé publique.

> « Il est essentiel de comprendre le mode de transmission pour réduire la transmission des infections dans les bâtiments, où un grand nombre de personnes peuvent se trouver à proximité les unes des autres, contaminer les surfaces avec des agents pathogènes et générer des aérosols infectieux. Les épidémies dramatiques avec des infections émergentes, comme le SRAS, et la menace d'utiliser des organismes infectieux comme source de bioterrorisme, comme la propagation des spores d'anthrax lors de l'épisode de 2001, justifient la nécessité d'étudier la transmission des maladies infectieuses dans les bâtiments modernes, souvent complexes. Les stratégies de contrôle des infections diffèrent selon la voie de transmission : lavage des mains et nettoyage des surfaces pour éviter le contact et la transmission par surface, et augmentation de la ventilation et du nettoyage de l'air pour éviter la transmission par voie aérienne.»

Comment ne pas être profondément interpellé par ces constats, à la lumière de ce qui s'est passé durant la pandémie de COVID-19 ?

Imaginons ce qui aurait pu se produire si la santé publique et les gouvernements avaient agi comme ils auraient dû :

Dans un premier temps, lors des périodes grippales, le port du masque N95 aurait dû être rendu obligatoire pour le personnel des hôpitaux. Des pratiques similaires auraient pu être mises en place dans les cabinets médicaux, avec l'utilisation de masques chirurgicaux de qualité supérieure. Bien que moins efficaces, ces derniers offrent une protection raisonnable, à condition de les porter correctement et de les jeter après usage. Une stratégie ciblée aurait dû être déployée dans les maisons de retraite, avec une meilleure ventilation, le maintien de températures et d'un taux d'humidité adéquats. Le personnel soignant aurait dû être équipé de masques N95, tandis que les visiteurs porteraient des masques chirurgicaux.

Par ailleurs, il aurait fallu expliquer et enseigner à la population ce qu'est un virus aéroporté et l'importance de porter un masque dans les transports en commun durant la saison hivernale, sans forcément en imposer l'obligation. Ces précautions auraient pu s'intégrer progressivement dans les habitudes de la vie quotidienne, comme le lavage des mains. Certes, des réfractaires existeraient toujours, mais beaucoup auraient fini par adopter ces gestes par habitude.

De plus, des efforts auraient dû être faits pour rapatrier la production de masques et garantir qu'aucune pénurie ne survienne dans les périodes critiques. Dans certains cas, ces masques auraient pu être proposés gratuitement ou à prix réduit. Les normes de ventilation auraient dû être revues et imposées dans les bâtiments des grandes villes, avec une attention particulière aux écoles. Une telle politique de santé publique, basée sur une véritable science – et non sur des croyances ou des certitudes infondées – aurait permis de prévenir la propagation du virus et de limiter les dégâts.

Or, pendant plus de 15 ans, nous avons traîné les pieds, nous appuyant uniquement sur le vaccin contre la grippe, au point d'en faire un outil de propagande. Pourtant, ce vaccin s'est avéré peu efficace, même contre les formes sévères de la maladie, comme nous le verrons dans le chapitre suivant. Une fois de plus, les autorités ont regardé la situation par le petit bout de la lorgnette, au lieu d'adopter une vision globale et efficace.

Si ces mesures avaient été mises en place, au moment où la COVID-19 est survenue, la population aurait été moins réticente à porter des masques. Nos soignants n'auraient pas été pénalisés par l'entêtement d'une élite médicale focalisée sur la promotion du vaccin, alors que, je ne le répéterai jamais assez, le masque N95 est plus efficace. Une meilleure aération des bâtiments scolaires, publics et privés, conforme aux normes, aurait réduit la propagation du virus. Une politique de santé publique innovante aurait pu éviter des milliers de morts dues à la COVID-19, mais aussi à la grippe, présente chaque année.

Cependant, cette croyance aveugle dans le vaccin de la grippe, puis dans celui de la COVID-19, a conduit à des politiques laxistes. Au lieu de développer une véritable politique de santé basée sur la prévention, nos gouvernants ont préféré s'appuyer sur des solutions simplistes. L'ego, les fausses vérités et le profit sont devenus des poisons.

Depuis la pandémie, qu'a-t-on fait ? A-t-on mis en place des normes dans les bâtiments ? Avons-nous rénové nos écoles ? Avons-nous développé une politique adaptée pour les maisons de retraite ? Avons-nous réintroduit le masque N95 (FFP2) à l'hôpital ? Non ! Une fois encore, l'obscurantisme de ceux qui nous gouvernent, révèle la déconnexion totale de nos élites avec la réalité scientifique. Leur attitude a nourri la méfiance et le complotisme, contribuant au désordre que connaissent aujourd'hui nos sociétés.

La pandémie de COVID-19 a révélé des lacunes majeures dans la gestion de la santé publique et la communication scientifique. L'incapacité à tirer parti de connaissances déjà établies, combinée à un refus d'admettre certaines erreurs, a conduit à des pertes tragiques et à une méfiance croissante. Si nous n'apprenons pas de ces échecs, les prochaines crises risquent d'exposer des fractures encore plus profondes.

Cela soulève une question cruciale : si des erreurs aussi fondamentales ont perduré dans la gestion des transmissions virales, peut-on croire que tout ce qui a été affirmé au sujet des vaccins et du vaccin à ARN messager est entièrement véridique ? Cette réflexion mérite une analyse approfondie, que j'aborderai dans les chapitres suivants.

Les vaccins

Les chapitres précédents ont mis en lumière les dérives de la science lorsqu'elle est influencée par des forces idéologiques, financières ou institutionnelles. Ces dynamiques, qui entravent le débat et nuisent à l'avancée des connaissances, trouvent une illustration frappante dans le domaine des vaccins. Ce chapitre explore comment la sacralisation des vaccins, exacerbée par la pandémie, a transformé un outil de santé publique en un objet de controverse, mêlant les enjeux sociaux, éthiques et scientifiques.

La pandémie a entraîné la sacralisation des vaccins. On les a loués et vénérés comme un nouveau Dieu. Sur X (ex-Twitter), les utilisateurs ont affiché des émoticônes de piqûre pour montrer fièrement chaque dose reçue. Beaucoup étaient fiers d'annoncer qu'ils étaient vaccinés, et les « likes » abondaient. Les non-vaccinés se sont vus conspués, accusés de nier la science. Les insultes se sont multipliées.

Les médias et certains scientifiques ont également contribué à la sacralisation des vaccins en assimilant toute critique, même fondée, à du complotisme. Par exemple, des éditoriaux ont rejeté en bloc les interrogations scientifiques ou éthiques sur les vaccins, sans distinguer les propos sensés des arguments infondés. Cette polarisation a transformé le débat public en un champ de bataille, où les doutes, pourtant essentiels à la démarche scientifique, étaient perçus comme injustifiés plutôt que comme des opportunités d'approfondir la réflexion.

On a souvent dénoncé les comportements de harcèlement des antivax, mais on oublie que les provax n'ont guère agi différemment. Toutefois, il est important de distinguer ces dynamiques. Si les antivax ont parfois eu recours à des méthodes agressives, notamment sur les réseaux sociaux ou à travers des campagnes de désinformation, certains provax ont répondu par une stigmatisation systématique, doublée d'un refus du contradictoire et du débat. Ce rejet des échanges argumentés, pourtant essentiels en science a renforcé un climat de défiance mutuelle contribuant à polariser encore davantage le débat public. Ces deux comportements, bien que différents dans leur forme, ont chacun nourri un climat de division. Même les journalistes se sont mis de la partie. Le journaliste Patrick Lagacé, du quotidien canadien La Presse[1], en est arrivé à suggérer qu'il faudrait peut-être ne pas soigner les antivax, les accusant d'une manière semblable à celle des prêtres de l'Inquisition. Il a formulé cette idée polémique à la fois dans un article et lors d'une émission diffusée sur Télé-Québec[2].

Ses interventions ne ciblent pas seulement les complotistes, mais également les « hésitants » ; je trouve cela encore plus inacceptable. Comment un tel article a-t-il pu être publié ? Même s'il finit par ajouter des nuances, cela montre l'état de tension sociale et idéologique dans lequel nous nous sommes trouvés à ce moment-là. Lors de son émission télévisée, les deux médecins présents ont tenu des propos parfois tendancieux, ce qui soulève une question essentielle : est-ce vraiment le rôle des médecins de condamner les choix de leurs patients ? Leur devoir est d'abord de soigner, ensuite de conseiller et éventuellement de convaincre le patient de recevoir des traitements, mais certainement pas de les stigmatiser. Pour se défendre, le journaliste a affirmé qu'il représentait la voix d'une

---

1) Faut-il soigner les anti-vax ? La Presse Montréal le 9 août 2021
2) Nos années 20 Télé Québec 15 octobre 2021

majorité silencieuse. Mais depuis quand un journaliste peut-il prétendre parler au nom d'une frange de la population, même lorsqu'il s'agit de journalisme d'opinion ? Il n'a d'ailleurs pas été le seul à prêcher pour la vaccination. Est-ce vraiment le rôle du journaliste de faire du prosélytisme ?

Pour l'anecdote, même sur les sites de rencontre, des personnes choisissaient leurs partenaires en fonction de leur statut vaccinal. Lorsque j'ai souhaité m'entretenir avec un scientifique, il m'a demandé si je reconnaissais la vaccination comme nécessaire et indispensable au bien-être de l'humanité, sans quoi il refuserait de me parler. La pandémie nous aurait-elle rendus fous ? Que nous est-il arrivé pour sacraliser une thérapie au point de rejeter les questions et de nier les doutes ?

Certes, la vaccination a été une avancée fondamentale en médecine. Elle a permis d'éradiquer certaines maladies et de protéger la population contre d'autres. Mais elle ne peut pas être placée au-dessus de toute critique, contrairement à ce que certains voudraient faire croire. Une fois encore, la recherche de la vérité est malmenée par idéologie.

Le vaccin est sacré en médecine. Pourtant, l'immunologie reste une science pleine de mystères. Le livre passionnant de Philippe Kourilsky[3], ancien directeur de l'Institut Pasteur, illustre à quel point cette discipline, encore jeune, regorge de zones d'ombre. Andrew Pollard, du Oxford Vaccine Group, explique également, dans un excellent article publié dans Nature, que nous en savons finalement moins que ce que l'on croit sur les vaccins[4].

---

3) Le jeux du hasard et de la complexité. Philippe Kourilsky Odile Jacob
4) Pollard, A.J., Bijker, E.M. A guide to vaccinology: from basic principles to new developments. Nat Rev Immunol 21, 83–100 (2021). https://doi.org/10.1038/s41577-020-00479-7

« Pendant une grande partie de l'histoire, les vaccins ont cependant été développés grâce à des recherches empiriques sans la participation d'immunologistes. Il existe aujourd'hui un grand besoin d'améliorer la compréhension des bases immunologiques de la vaccination afin de développer des vaccins contre les agents pathogènes difficiles à cibler [...] pour contrôler les épidémies qui menacent la sécurité sanitaire mondiale [...] et pour trouver comment relancer les réponses immunitaires du système immunitaire vieillissant afin de protéger la population croissante de personnes âgées contre les maladies infectieuses. »

Cependant, de nombreux médecins, et même certains scientifiques, refusent de reconnaître que la vaccination peut engendrer des effets au-delà de son objectif principal. C'est ce que l'on appelle les *Non Specific Effects* (NSE, effets non spécifiques), une découverte faite en 1996 par le Danois Peter Aaby et son équipe[5].

Ces effets, encore mal compris, soulèvent plusieurs questions. Les vaccins pourraient avoir des impacts positifs ou négatifs, non prévus, en modifiant le système immunitaire. Ainsi, l'ordre dans lequel les vaccins sont administrés pourrait jouer un rôle, et certains vaccins pourraient même être détournés de leur usage initial pour renforcer l'immunité contre des pathologies non ciblées. Les vaccins sont donc bien plus complexes que la vision simpliste qui en est souvent donnée.

C'est également ce qu'explique David J.Lynn, chercheur à l'Université d'Adélaïde en Australie qui se spécialise dans cette recherche[6]

---

5) Non-specific beneficial effect of measles immunisation: analysis of mortality studies from developing countries BMJ 1995;311:481 19 août 1995

6) Aaby, P., Benn, C.S., Flanagan, K.L. et al. The non-specific and sex-differential effects of vaccines. Nat Rev Immunol 20, 464–470 (2020)

« Les vaccins vivants ont généralement été associés à des NSE bénéfiques et les vaccins morts ont été associés à des NSE potentiellement délétères dans certaines études d'observation. Il existe également des preuves que tout effet délétère des vaccins non vivants peut être atténué en modifiant les calendriers de vaccination de sorte qu'un vaccin vivant soit administré en dernier. À mon avis, il est trop tôt pour recommander des modifications aux calendriers jusqu'à ce que d'autres essais contrôlés randomisés de haute qualité soient menés pour évaluer les effets de tels changements. Compte tenu des données qui s'accumulent, ces études doivent être soutenues et menées de toute urgence. »

« Il reste encore beaucoup à comprendre concernant les NSE et les effets différenciés des vaccins selon le sexe des personnes vaccinées. À l'heure actuelle, nous ne comprenons pas pleinement la base mécanistique expliquant pourquoi les vaccins non vivants peuvent être associés à des NSE délétères, alors que les vaccins vivants sont associés à des NSE bénéfiques. »

« Il est important de noter que la communauté internationale ne devrait pas avoir peur de considérer qu'il peut y avoir des NSE à la fois bénéfiques et préjudiciables pour certains vaccins. Nous sommes parfaitement conscients du risque que la recherche dans ce domaine soit involontairement ou volontairement mal interprétée. »

« Comprendre les NSE des vaccins peut entraîner de nouvelles interventions bénéfiques pour les maladies infectieuses et pour les maladies non infectieuses, telles que les allergies, l'asthme, et même le diabète, tout en nous permettant d'atténuer les risques. »

Les études sur les effets des vaccins à plus ou moins long terme sur le système immunitaire restent encore limitées. Le plus grand défaut en science et en médecine est de refuser de reconnaître l'improbable et de l'explorer. Ce qui semblait inimaginable il y a quelques années est désormais une réalité que la science étudie et doit étudier de manière approfondie pour en comprendre toutes les implications. Lorsque des experts présents sur les plateaux de télévision affirment que les vaccins n'ont aucun effet à long terme, ils révèlent une déconnexion avec la réalité scientifique. Ces enjeux ne se limitent pas aux vaccins historiques. Ils résonnent particulièrement aujourd'hui, où des technologies novatrices comme l'ARN messager soulèvent des questions similaires sur leurs effets à long terme et sur la manière dont ces données sont communiquées au public.

La peur de voir la population s'éloigner de la vaccination conduit certaines personnes à proférer des demi-vérités, sans réaliser que cette politique de l'autruche alimente le complotisme et nuit à l'information. Cette ignorance concerne également le corps médical. Combien de médecins connaissent réellement les Non Specific Effects (NSE) liés aux vaccins ? Bien moins que ce que l'on ne pourrait penser, pour ne pas dire aucun.

Andrew Pollard souligne l'importance pour les médecins et les scientifiques d'être clairs lorsqu'ils parlent des vaccins.

> « Communiquer efficacement sur la science de la vaccination à un public sceptique constitue un défi pour tous ceux qui s'occupent de l'immunobiologie des vaccins, mais il est nécessaire de toute urgence pour réaligner le dialogue et garantir la santé publique. Cela ne peut être réalisé qu'en faisant preuve de transparence sur ce que nous savons et ce que nous ne savons pas, et en réfléchissant aux stratégies permettant de combler nos lacunes actuelles en matière de connaissances.»

Le sujet des NSE est souvent perçu comme tabou. L'objectif est de ne pas semer le doute parmi la population ou menacer une stratégie de vaccination qui sauve des vies. Mais imaginez ce que cela signifierait si certains vaccins pouvaient, sur le long terme, avoir des effets délétères sur la santé. Une telle découverte permettrait non seulement d'améliorer ou de réformer certaines techniques de vaccination, mais aussi de mieux comprendre leurs interactions avec notre système immunitaire. Ces possibles changements inquiètent. L'enjeu n'est pas uniquement scientifique, mais aussi financier, comme l'explique Andrew Pollard dans un éditorial du British Medical (BMJ) [7]

> « En effet, l'un des principaux obstacles à une discussion ouverte sur ces effets non spécifiques des vaccins et à une enquête indépendante sur la question est que l'impact positif n'a pas été pris en compte et que, par conséquent, le phénomène est perçu comme une menace pour la vision et la stratégie de vaccination mondiale qui sauve des vies, ce qui fait que le sujet a été largement évité par les bailleurs de fonds et les enquêteurs. »

En 2013 survient ce que j'ai appelé l'affaire Peter Doshi. Peter Doshi, professeur agrégé en recherche sur les services de santé pharmaceutique à la faculté de pharmacie de l'Université du Maryland et ancien rédacteur en chef au British Medical Journal (BMJ), a consacré une partie de ses recherches à examiner, de près, ce que la science et les politiques de santé publique disent sur la grippe, sa prévention et ses traitements. Son travail a reçu une large reconnaissance.

Peter Doshi est l'un des premiers à jeter un pavé dans la mare en soulevant la question des effets à long terme des vaccins. Sa publication[8], focalisée sur le vaccin contre la grippe, a suscité de vives

---

7) Non-specific effects of vaccines: RCTs, not observational studies, are needed Andrew J Pollard BJM Juin 2012 10.1136/archdischild-2012-301873

8) Influenza Vaccines Time for a Rethink Peter Doshi, PhD JAMA Intern Med. 2013;173(11):1014-1016. Published online March 18, 2013.

réactions, car elle remettait en question un pilier de la médecine moderne.

Pourtant, Doshi ne demande pas de cesser la vaccination contre la grippe. Il appelle à un débat qui, selon lui, n'a jamais eu lieu. Il estime que l'on ne peut considérer un vaccin comme acquis simplement parce qu'il s'agit d'un vaccin. Parfois, il est nécessaire de questionner la pertinence de certaines pratiques imposées sur des bases scientifiques fragiles. Cependant, les autorités de santé publique et les scientifiques rechignent souvent à engager un véritable échange, particulièrement lorsqu'ils ont déjà formé une opinion arrêtée sur un sujet. Ils ont également tendance à minimiser les risques liés à la vaccination, oubliant que derrière chaque vaccin se trouve un être humain, et non une simple statistique.

L'exemple de Peter Doshi illustre un problème récurrent dans la sphère scientifique et médicale contemporaine : la difficulté d'écouter et d'examiner des voix minoritaires, même lorsqu'elles s'appuient sur des preuves solides et une démarche rigoureuse. Ce rejet, bien qu'il puisse être motivé par la volonté de préserver la confiance du public, constitue un frein à l'évolution scientifique. En science, le débat et la contradiction devraient être des outils fondamentaux pour affiner nos connaissances et identifier les limites des approches existantes. Pourtant, lorsqu'un sujet aussi sensible que la vaccination est en jeu, ces principes sont souvent sacrifiés au profit d'un consensus perçu comme infaillible.

Cette attitude, bien que guidée par une volonté de protéger la santé publique, engendre paradoxalement des effets contraires. En excluant ces voix minoritaires du débat, on risque non seulement de passer à côté d'arguments constructifs, mais aussi de renforcer la méfiance envers les institutions. Les critiques argumentées, comme celles de Doshi, sont souvent stigmatisées, réduites à des étiquettes simplistes, telles que « anti-vaxx », ou mises officieusement à l'index. Ce refus d'examiner des perspectives divergentes nuit à la crédibilité des politiques de santé publique et freine l'exercice essentiel du questionnement scientifique.

Pour beaucoup de scientifiques, une seule vérité prévaut : le consensus. Or, ce consensus est souvent biaisé, comme le montre le travail de Peter Doshi et comme nous l'avons démontré dans le chapitre consacré à la science. Peter Doshi a souligné les limites des études qui affirment l'efficacité du vaccin contre la grippe, ainsi que les nombreux biais méthodologiques qu'elles comportent. De plus, il a démontré que les études évaluant l'efficacité de la vaccination du personnel soignant pour protéger les personnes vulnérables manquent de preuves solides. Rien ne prouve que cette vaccination diminue significativement la contagion ou apporte un réel bénéfice.

Même face à des preuves s'accumulant sur l'inefficacité du vaccin contre la grippe et l'absence de valeur ajoutée pour certaines populations, la médecine persiste à le promouvoir comme une solution incontournable. Ce refus du débat illustre l'étroitesse d'esprit de certains scientifiques et médecins. Si la science refuse la contradiction et le débat, où allons-nous ?

Cochrane, une organisation indépendante qui *constitue une référence internationale reconnue en matière de qualité des informations sur l'efficacité des soins de santé.*[9] a effectué en 2018 une analyse de synthèse des études sur l'efficacité du vaccin de la grippe pour les personnes âgées.

---

9) https://www.cochrane.org/fr/about-us

10) Demicheli V, Jefferson T, Di Pietrantonj C, Ferroni E, Thorning S, Thomas RE, Rivetti A. Vaccines for preventing influenza in the elderly. Cochrane Database of Systematic Reviews 2018, Issue 2. Art. No.: CD004876. DOI: 10.1002/14651858.CD004876.pub4. Accessed 17 January 2025.

« Les preuves en faveur d'un risque plus faible de grippe et de syndrome grippal avec la vaccination sont limitées par les biais dans la conception ou la réalisation des études. Le manque de détails sur les méthodes utilisées pour confirmer le diagnostic de la grippe limite la pertinence de ce résultat. Les données disponibles, relatives aux complications, sont de mauvaise qualité, insuffisante ou trop vieille, et ne donnent aucune indication claire pour la santé publique en ce qui concerne la sécurité, l'efficacité ou l'efficience des vaccins contre la grippe pour les personnes âgées de 65 ans ou plus. La société devrait investir dans des recherches sur une nouvelle génération de vaccins contre la grippe pour les personnes âgées. »

N. B. Ce que l'on nomme ou diagnostique comme grippe n'est pas toujours lié au virus de l'influenza. Il s'agit souvent d'un syndrome grippal, c'est-à-dire d'une infection causée par d'autres virus qui présentent des symptômes similaires à ceux de la grippe. Seuls des tests en laboratoire ou des analyses PCR permettent de confirmer s'il s'agit bien de l'influenza.

L'analyse de Cochrane sur l'effet du vaccin contre la grippe chez les femmes enceintes et les nouveau-nés arrive à des conclusions similaires. Les résultats ne montrent pas une grande efficacité, contrairement aux affirmations de nombreux médecins.[11]

Dans ce cas, que doit-on penser des recommandations des autorités de santé publique ?

Dans le cadre de la vaccination, les gouvernements et les institutions sanitaires agissent souvent davantage comme des propagandistes que comme des scientifiques. Des chercheurs français nous

---

11)Salam RA, Das JK, Dojo Soeandy C, Lassi ZS, Bhutta ZA. Impact of Haemophilus influenzae type B (Hib) and viral influenza vaccinations in pregnancy for improving maternal, neonatal and infant health outcomes. Cochrane Database of Systematic Reviews 2015, Issue 6. Art. No.: CD009982. DOI: 10.1002/14651858.CD009982.pub2.

l'expliquent dans un article intitulé *une lecture critique des campagnes de communication institutionnelle en santé*[12]. Dans le résumé de la publication, on peut lire :

> « L'efficacité de la vaccination contre la grippe chez les patients de plus de 65 ans ne trouve toujours pas de consensus dans la littérature médicale […] Afin d'améliorer la qualité de la décision médicale partagée, il serait préférable d'indiquer aux patients que la preuve certaine de l'efficacité de la vaccination antigrippale n'est pas assurée. Toutefois, les études observationnelles, de plus faible niveau de preuve, semblent suggérer une efficacité de la vaccination. (NDLR. Ces études observationnelles sont précisément celles que Peter Doshi critique pour leur faible valeur scientifique. Les études observationnelles sont généralement d'une moins bonne qualité.) »

Rémy Boussageon, un des auteurs, dans une présentation intitulée *Les informations délivrées par les institutions sanitaires sur la vaccination antigrippale : aide à la décision ou propagande ?* (symposium CUMG, Lyon, 2020), a illustré ce problème. Il a montré comment les prospectus de l'Assurance Maladie présentent des arguments biaisés pour inciter à la vaccination. Il explique :

> « La fiabilité de l'information et ses messages « implicites » doit interroger : éthique ? » (extrait des diapositives de la présentation)

En fait, ce prospectus n'est pas conçu pour renseigner le patient sur le vaccin de la grippe afin qu'il prenne sa décision en toute connaissance de cause. Son objectif est plutôt de l'inciter, à la manière d'une publicité mensongère, qui déforme la réalité. Est-ce là le rôle de la santé publique ? Cela en dit long sur les méthodes employées

---

12) Tudrej B, Rehman M, Boussageon R. Une lecture critique des campagnes de communication institutionnelle en santé. exercer 2018;145:323-6.
13)https://www.youtube.com/watch?v=mAU2VGGAtfU&t=691s

pour informer la population. Comme le dit Rémy Boussageon, le seul but de la santé publique est de vacciner le maximum de patient, alors que le soin cherche à donner le choix au patient en l'ayant au préalable informé sur les risques et la qualité des preuves des vaccins.

Dans de telles circonstances, comment ne pas éveiller les suspicions, notamment lors de situations d'urgence où la santé publique cherche à imposer ses recommandations ? Cette problématique n'est pas spécifique à la France. On retrouve ces pratiques fréquemment en Occident, et probablement dans d'autres régions du monde.

Dans le cas de la pandémie, pouvait-on vraiment faire confiance à ce qui nous a été dit du vaccin ARN messager ? Cette technologie novatrice et récente, au cœur de la stratégie vaccinale, soulève des questions fondamentales sur ses effets à long terme, son efficacité réelle, et la manière dont elle a été présentée au public. Ces enjeux méritent une analyse approfondie, que nous aborderons dans le prochain chapitre.

L’ARN messager

En pleine pandémie mondiale, les vaccins à ARNm sont apparus comme une lumière au bout du tunnel, un espoir porté par des décennies de recherche en biotechnologie. Présentés comme une avancée majeure et une réponse rapide à la crise sanitaire, ils ont été adoptés et déployés à une vitesse sans précédent. L’enthousiasme général et l’urgence de la situation ont conduit à une présentation simpliste et parfois caricaturale de cette technologie, écartant les incertitudes et gommant les nuances pourtant essentielles à l’esprit scientifique.

Dans ce contexte, la science a revêtu une dimension quasi religieuse. Ses prouesses étaient censées sauver le monde, et ceux qui doutaient, perçus comme des « non-croyants », étaient sommés de se convertir sous peine de voir leur vie transformée en un véritable enfer social. Le discours scientifique s’est imposé comme une vérité absolue, exigeant une adhésion sans questionnement.

Pourtant, les vaccins à ARNm soulèvent des questions essentielles, à commencer par celle de leur nature même : pourquoi les considère-t-on comme des vaccins ?

On a laissé entendre que le vaccin à ARNm avait pu être administré rapidement parce qu’il existait depuis longtemps et que la technologie était déjà bien maîtrisée. Cette affirmation, bien qu’en partie vraie, mérite d’être nuancée. L’ARNm a été rendu disponible rapidement précisément parce qu’il a été classé comme vaccin. Si cela n’avait pas été le cas, l’ARNm aurait nécessité des mois d’analyses pour s'assurer que la technologie réponde aux exigences des agences de santé, puisqu'aucun vaccin ARNm avec nanoparticule lipidique n'avait été testé sur l'homme avant 2017. Le fait d'être un vaccin a permis d'éviter certaines analyses, telles que des études pharmacocinétiques ou des analyses de biodistribution exhaustives, ainsi que des tests approfondis de toxicité, comme le rappelle une étude intitulée *Administration d'un vaccin ARNm à l'aide de nanoparticules lipidique*s, publiée en 2016[1], dont l'un des auteurs est cofondateur et membre du conseil d'administration de Moderna.

> « L'un des principaux avantages des vaccins à ARNm par rapport aux vaccins à ADN est d'ordre réglementaire. Les agences réglementaires américaine et allemande, à savoir la FDA et l'Institut Paul Ehrlich, respectivement, ne classent pas l'ARNm non répliqué dans la catégorie des thérapies géniques. Cela facilite les exigences en matière d'études précliniques et toxicologiques. [...] **À l'heure actuelle, aucun vaccin LNP-ARNm n'a été testé sur des patients, car un certain nombre de questions restent sans réponse**.»

La classification de l'ARNm est la clef de voûte de cette crise. Le terme thérapie génique associé à l'ARNm a mis en ébullition les médias. Les journalistes et un certain nombre de scientifiques ont crié au mensonge. Les articles ont été nombreux pour démontrer l'absurdité de l'affirmation. Ces personnes ont-ils été aveuglés par leur certitude et leur ignorance? Essayons de mettre les choses au clair pour permettre une meilleure compréhension du sujet. Comme vous le verrez, l'histoire est des plus intéressante et soulève une fois encore de nombreuses questions.

Qu'entendons-nous par thérapie génique aujourd'hui?

---

1) Reichmuth, A. M., Oberli, M. A., Jaklenec, A., Langer, R., & Blankschtein, D. (2016). mRNA Vaccine Delivery Using Lipid Nanoparticles. Therapeutic Delivery, 7(5), 319–334. https://doi.org/10.4155/tde-2016-0006

La définition de thérapie génique a évolué depuis la découverte des gènes. Le terme *thérapie génique* évoque, dans l'imaginaire collectif, une notion qui ne correspond pas toujours à la réalité. Si, à l'origine, la thérapie génique était en lien direct avec nos gènes et leur modification, elle englobe aujourd'hui différentes techniques qui n'ont pas toutes pour vocation de modifier notre génome. La thérapie génique, c'est l'utilisation du matériel génétique pour soigner le corps humain. D'un point de vue strictement lexicographique et scientifique, l'ARN messager est bel et bien une thérapie génique, mais il n'a aucun impact démontré sur nos gènes jusqu'à preuve du contraire. De façon schématique, on peut dire que la thérapie génique vise à réparer un gène (thérapie à base d'ADN) ou à générer une protéine qui fait défaut (thérapie à base d'ARN). La définition est cependant plus large. Pour comprendre pleinement la portée de cette notion, il est utile de se référer aux définitions proposées par des institutions scientifiques de renom, telle que l'INSERM en France et l'Université Harvard.

> « La thérapie génique [selon l'INSERM] consiste à introduire du matériel génétique dans des cellules pour soigner une maladie. Au départ, cette approche a été conçue pour suppléer un gène défectueux en cas de maladie monogénique (c.-à-d. liée à la dysfonction d'un seul gène). Mais au cours des deux dernières décennies, l'évolution rapide des connaissances et des technologies a permis de démultiplier les stratégies possibles et d'élargir leur utilisation à de très nombreuses indications, dont certains cancers.»[2]

Dans le site de l'INSERM, on fait référence à toutes sortes de thérapie, mais on n'évoque pas l'idée d'entraîner le corps à se défendre contre un virus, comme c'est le cas pour le vaccin. Ainsi

2) INSERM Thérapie Génique https://www.inserm.fr/dossier/therapie-genique/
Publié le : 12/07/2017 Modifié le : 31/05/2018

l'ARN messager serait une thérapie génique lorsqu'il traite un cancer, mais pas lorsqu'il est utilisé dans le sens d'un vaccin.

Le site des cellules souches de Harvard apporte plus de précision. Le titre du site porte le titre de thérapie génique. Il est mentionné : *thérapie à base d' ARN messager*[3]. La description correspond exactement à celle des vaccins ARN messager utilisés pour la COVID. Cependant, aucune distinction d'usage n'est précisée, ce qui suggère une approche scientifique plus large et moins dépendante du contexte d'application.

Aux États-Unis, la FDA (Food and Drug Administration) définit la thérapie génique de manière suivante[4] :

> « La thérapie génique humaine vise à modifier ou à manipuler l'expression d'un gène ou à altérer les propriétés biologiques des cellules vivantes à des fins thérapeutiques.»

La définition de la FDA se rapproche de celle de l'INSERM à la différence près que la FDA fait référence aux maladies infectieuses.

> « Les produits de thérapie génique sont étudiés pour traiter des maladies telles que le cancer, les maladies génétiques et les maladies infectieuses.»

Le verbe, qui est employé, est «traiter» une maladie infectieuse ; il n'est pas mentionné : prévenir une infection. Comme l'INSERM le vaccin ne serait donc pas concerné.

---

3) Harvard Stem Cell Institute Gene Therapies https://hsci.harvard.edu/translation/what-are-drugs-4-gene-therapies.
4) What is Gene Therapy? 25 juillet 2018 https://www.fda.gov/vaccines-blood-biologics/cellular-gene-therapy-products/what-gene-therapy#footnote1

Nous verrons plus en détail les divergences de réglementation et de classification entre la FDA et l'EMA, l'agence européenne, dans les paragraphes suivants.

Quelle est donc la différence entre la thérapie génique à base d'ARNm et le vaccin ARNm ?

C'est l'usage qui différencie les deux. La thérapie à base d'ARN utilisée comme vaccin permet à nos cellules de générer, non pas une protéine saine, mais un antigène qui va permettre à notre système immunitaire d'apprendre à se défendre contre un virus, comme le ferait un vaccin, et non de nous soigner. Cependant, la situation est plus complexe, puisque le cadre législatif et normatif est là pour apporter des nuances.

> **Antigène** : substance qui, introduite dans l'organisme, y engendre des anticorps.

En 2007, les États-Unis ont défini un cadre précis et une réglementation pour les vaccins ADN. Ce type de vaccin introduit un gène de l'antigène afin de produire la protéine immunogénique. C'est le même principe que l'ARN messager, à la différence que le transporteur et la cible au sein de la cellule ne sont pas les mêmes. De ce fait, il était logique que l'ARN messager, qui génère un antigène, devienne un vaccin. (À noter que, tout comme l'ARNm, le vaccin à ADN n'a pas d'impact démontré sur nos gènes jusqu'à preuve du contraire). Contrairement au vaccin ADN, la FDA n'a pas créé de réglementation précise pour l'ARN messager, ce qui est surprenant. Peut-être pensait-on que ce vaccin mettrait encore des années à prouver son efficacité avant d'être commercialisé. En l'absence de réglementation, ce sont celles des vaccins courants qui ont été appliquées au moment de la COVID, sans tenir compte de la complexité de cette technique et des risques sous-jacents. Il aurait été possible d'appliquer la réglementation des vaccins à ADN ou de l'adapter, car, hormis la différence liée au type de matériel génétique utilisé — l'un employant l'ADN et l'autre l'ARN messager — la technique de production et le mécanisme d'action sont similaires. Cette similitude rend incohérent le fait de ne pas avoir appliqué des critères réglementaires comparables pour ces deux technologies.

En effet, la réglementation des vaccins à ADN inclut des exigences claires et détaillées pour les études précliniques, telles que la toxicité, la génotoxicité, la biodistribution et éventuellement la cancérogénicité. Ces tests visent à garantir la sécurité à court et long terme du produit avant son utilisation chez l'humain. En revanche, pour les vaccins à ARN messager, un cadre réglementaire spécifique faisait défaut, ce qui a conduit à ce que ces mêmes évaluations n'aient été réalisées que de manière très succincte, voire pas du tout. Cette absence de cadre préétabli, indépendamment de l'urgence sanitaire, soulève une question importante sur la cohérence des approches réglementaires, d'autant plus qu'aucune des deux technologies ne bénéficie encore d'un recul suffisant pour évaluer pleinement leurs effets à long terme sur l'organisme humain. Cette absence de réglementation spécifique a permis d'accélérer le processus d'approbation.

En Europe, la législation est différente, à l'image de la bureaucratie européenne. Le document expliquant la législation européenne, publié en décembre 2016 sous le titre *L'environnement réglementaire européen des vaccins à base d'ARN*[5], indique que si l'ARN est manipulé, le traitement est considéré comme une thérapie génique. Toutefois, il précise qu'en cas de traitement ou de prévention d'une maladie infectieuse, un ARNm n'est pas considéré comme un produit de thérapie génique selon la loi, même si toutes les autres

---

5) Hinz, T. et al. (2017). The European Regulatory Environment of RNA-Based Vaccines. In: Kramps, T., Elbers, K. (eds) RNA Vaccines. Methods in Molecular Biology, vol 1499. Humana Press, New York, NY. https://doi.org/10.1007/978-1-4939-6481-9_13

exigences sont remplies. Ainsi, si les vaccins à ARN sont utilisés pour combattre des tumeurs, ils prennent le nom de thérapie génique, mais, si c'est pour lutter contre des maladies infectieuses, l'ARNm devient un vaccin. Cela montre bien que l'ARNm ou les vecteurs viraux relèvent de la thérapie génique, mais que leur utilisation spécifique les classe comme vaccins.

> « Il est également important de noter qu'**en cas de traitement ou de prévention d'une maladie infectieuse, un ARNm selon la loi n'est pas un produit de thérapie génique, même si toutes les autres exigences sont remplies (recombinant, biologique)**. En conséquence, une molécule d'ARNm utilisée pour la vaccination prophylactique contre, par exemple, la grippe, n'est pas un produit de thérapie génique, alors que c'est le cas lorsqu'elle est par exemple utilisée pour le traitement du cancer. »

Notez la différence avec la FDA qui considère le traitement d'une maladie infectieuse comme une thérapie génique.

Ce n'est pas simplement une question de sémantique ou de loi, c'est aussi une question d'évaluation. Lorsqu'il s'agit d'un vaccin à ARNm, c'est le comité chargé des médicaments à usage humain qui est responsable de l'évaluation, tandis que, pour une thérapie génique, l'évaluation est confiée au comité des médicaments de thérapies innovantes.

> « **Il n'existe aucune ligne directrice dédiée traitant spécifiquement de l'évaluation préclinique des vaccins à ARNm**. L'évaluation pharmacologique et toxicologique préclinique des ARNm dépend largement de la maladie à traiter et de la voie d'administration. L'exemple suivant pourrait illustrer ce fait. Les vaccins sont généralement administrés localement par voie intradermique ou intramusculaire. **Les études pharmacocinétiques ne sont donc normalement pas nécessaires**.»

Ce document ne peut qu'éveiller des interrogations sur le fonctionnement de nos sociétés et sur la manière dont les produits sont évalués. Un produit ne semble plus être jugé sur ce qu'il est réellement, mais en fonction de sa classification et de son utilisation.

Une question demeure en suspens. L'ARN messager synthétique présent dans le vaccin contre la COVID a été modifié. Dans ce cas, respecte-t-il toujours la législation européenne, ou bien cette modification le fait-elle basculer dans la catégorie des thérapies géniques, même si son usage ne le qualifie pas comme tel ?

Avant 2016, le vaccin à ARNm était considéré comme une thérapie génique, parfois comme un médicament ou comme un vaccin, selon l'usage qui en était fait, puisqu'il n'y avait pas encore de législation dédiée. Voici le titre d'une étude publiée en 2010 qui illustre parfaitement la problématique de la définition de l'ARNm thérapeutique :

> Intranasal vaccination with messenger RNA as a new approach in gene therapy: Use against tuberculosis (Vaccination intranasale à ARN messager comme nouvelle approche en thérapie génique : utilisation contre la tuberculose)[6]

Les auteurs parlent à la fois de vaccination et des nouvelles perspectives qu'elle ouvre pour la thérapie génique. Quelle que soit l'interprétation que l'on souhaite donner à cette association vaccin-thérapie génique, cela montre bien que, même si l'on reste dans l'idée d'un vaccin, la technique relève intrinsèquement de la génétique.

---

6) BMC Biotechnol 10, 77 (2010). https://doi.org/10.1186/1472-6750-10-77

Rappelons la définition du vaccin.

> **Vaccin** : substance préparée en laboratoire à partir de microorganismes (tués, inactifs ou atténués) et qui, inoculée à un être vivant, l'immunise ou l'aide à lutter contre une maladie infectieuse (déterminée par le même microorganisme) grâce à la formation d'anticorps spécifiques.

Force est de constater que l'ARNm n'utilise pas la technique habituelle de la vaccination. C'est une technologie nouvelle qui aurait dû être considérée comme telle.

Lorsque Drew Weissman et Katalin Karikó, lauréats du prix Nobel de médecine en 2023, ont publié un article en 2015 intitulé *mRNA: Fulfilling the Promise of Gene Therapy*[7] (ARNm : tenir les promesses de la thérapie génique), le titre mettait en avant le rôle de l'ARNm dans la thérapie génique, soulignant ainsi le travail qu'ils avaient accompli depuis 2005 lorsqu'ils ont modifié l'ARNm. Ce choix de titre est significatif : ils n'ont pas intitulé leur travail : *mRNA: Fulfilling the Promise of Vaccinology* (ARNm : tenir les promesses de la vaccinologie), ce qui montre que leur perspective initiale était centrée sur les applications thérapeutiques génétiques plutôt que vaccinales.

Cela met en lumière que, d'un point de vue scientifique, l'ARN messager est considéré comme une thérapie génique. Cependant, la législation, en fonction de l'usage, a décidé de créer des catégories distinctes. Quoi que l'on puisse penser de la légitimité de cette distinction, cela soulève un certain nombre de questions, notamment celle de savoir si cette distinction repose sur l'a priori que l'ARN messager se comporterait de manière similaire à un vaccin classique, sans prendre en compte ses spécificités propres, telles que l'utilisation

7)mRNA: Fulfilling the Promise of Gene Therapy Weissman, Drew, Karikó, Katalin 2015/09/01 doi: 10.1038/mt.2015.138

des nanoparticules lipidiques (LNP) et le processus particulier de production des protéines.

Steve Pascolo, l'un des fondateurs de CureVac et pionnier dans les traitements à base d'ARN, apporte une clarification importante lors de sa présentation à l'Institut Pasteur[8]. Il précise que l'ARNm non modifié a été utilisé pour des traitements contre le cancer et d'autres maladies, ainsi que pour des vaccins. En revanche, l'ARNm modifié était réservé à la thérapie génique. Cela explique le titre de l'article de Weissman et Karikó. Pascolo précise également que Weissman a publié en 2017 un article indiquant que cet ARNm modifié pouvait aussi être efficace pour les vaccins. Jusqu'alors, il était dit que ce type d'ARN n'était pas adapté en raison de sa mauvaise réponse immunitaire.

Ironie du sort, au moment de la pandémie de COVID-19, CureVac, qui proposait un vaccin à ARNm synthétique non modifié, n'a pas obtenu une réponse immunitaire aussi satisfaisante que ses concurrents utilisant un ARNm modifié.

Une fois encore, le sens des mots et des définitions s'avère essentiel. Devrait-on élargir la définition du mot « vaccin », comme l'a fait le dictionnaire américain Webster ? Ce dernier définit désormais un vaccin comme une préparation de matériel génétique qui utilise nos cellules pour produire un antigène. Pourquoi alors ne pas parler de « vaccin génétique », puisque cette technique diffère des vaccins traditionnels ? L'Académie française affirme que le mot évolue selon l'usage. Elle ne dit pas pour autant qu'il faille en changer la définition. Dans ce cas, l'ARNm ne pourrait pas s'appeler un vaccin. Quant à la définition, la thérapie génique n'a pas été modifiée; elle a évolué. L'ARN ne peut être écarté de la génétique. L'ARN messager, qui donne l'instruction à nos cellules pour générer

8) 14e minutes https://www.youtube.com/watch?v=2QSxpa9Qnoc

une protéine ou un antigène, doit-il porter un nom différent simplement parce que le résultat obtenu est dissemblable, alors que la technique utilisée est, stricto sensu, identique ? Y aurait-il une subtilité qui nous échappe ?

Le mot « génétique » serait considéré par certains comme ayant un impact sur l'intégrité de notre système, notamment lorsqu'il s'agit d'intégrer une protéine manquante pour corriger un handicap ou une maladie. Cette perception pourrait expliquer, bien que d'une manière fragile et peu convaincante, pourquoi un antigène, produit par la même méthode, serait perçu différemment, puisqu'il n'intègre pas notre système de manière durable. Cependant, le changement d'appellation ne se limite pas à une question de vocabulaire. Il modifie également la manière dont nous analysons ces produits et soulève des questions éthiques: pourquoi une même technique serait-elle évaluée différemment selon son usage ? Rien ne permet d'affirmer que les risques associés diffèrent selon qu'elle est utilisée pour un vaccin ou pour une thérapie génique.

Pourquoi, alors, en 2016, les autorités américaines et européennes ont-elles décidé de classifier l'ARN messager comme un vaccin, bien que cette technologie n'ait pas encore trouvé sa voie ni été pleinement validée ? Cette décision, quelle qu'en soit la motivation – qu'elle soit scientifique, stratégique ou politique – soulève de nombreuses interrogations sur la classification, la dénomination et les analyses à effectuer. Ces questions, pourtant cruciales, semblent écartées du débat public, comme si elles ne méritaient pas d'être discutées.

Nommer vaccin un produit de manière arbitraire, comme cela a été fait pour l'ARN messager, soulève de nombreuses interrogations, d'autant plus que ce même produit, lorsqu'il est utilisé pour traiter d'autres maladies, est classé comme thérapie génique. La confusion s'accentue lorsque l'on constate que les règles d'analyse diffèrent en fonction de l'usage. Ce changement d'appellation suscite une certaine suspicion, notamment lorsqu'on découvre qu'il n'existe pas de normes clairement établies pour les vaccins à ARNm. Il est légitime de se demander si les compagnies pharmaceutiques n'ont pas remporté une bataille supplémentaire face à une réglementation de plus en plus flexible ces dernières années dans le domaine des produits de santé.

L'ARNm appartient intrinsèquement à la génétique, et ses implications ne peuvent être ignorées. Certes, l'ARNm est un composant naturel, mais cela ne garantit pas que sa manipulation et sa réintroduction dans notre système soient exemptes de risques. Parmi ces risques, la rétro-transcription – la conversion de l'ARNm en ADN – reste une hypothèse controversée. Bien que certains scientifiques l'aient vigoureusement rejetée et que des journalistes aient relayé ces positions sans approfondissement, cette attitude reflète une méconnaissance du rôle fondamental de la science : tester les hypothèses, et non les écarter par simple conviction. Ce phénomène, même peu probable, mérite d'être pris en compte, d'autant plus que cette technologie est récente et que l'ARNm utilisé a été modifié. C'est pourquoi des études approfondies de génotoxicité auraient été nécessaires pour clore cette question. Comme le soulignent le docteur Mathieu Guerriaud, docteur en Pharmacie, et le professeur Évelyne Kohli directrice de l'UMDPCS (Unité mixte de DPC Santé) de l'université de Bourgogne.[9]

> « Bien que cette possibilité [NDFLR : la rétro transcription de l'ARN] soit considérée comme rare et que le risque d'intégration d'un médicament à base d'ARN n'ait pas encore été signalé, il convient de noter qu'un niveau d'activité plus élevé d'éléments transposables a été rapporté dans certaines maladies, notamment dans le cancer ou

9) RNA-based drugs and regulation: Toward a necessary evolution of the definitions issued from the European union legislation Mathieu Guerriaud, Evelyne Kohli2. Volume 9 - 2022 | https://doi.org/10.3389/fmed.2022.1012497

dans les infections virales. Ainsi, en l'état actuel des connaissances et, compte tenu du fort potentiel de développement de médicaments à base d'ARN, cette problématique scientifique mérite d'être envisagée, d'un point de vue réglementaire, et confrontée à une éventuelle application du principe de précaution qui permet aux décideurs d'adopter des mesures de précaution lorsque les preuves scientifiques concernant les risques pour la santé humaine sont incertaines et les enjeux sont élevés. Par conséquent, les médicaments à base d'ARN qui ne sont pas classés dans la catégorie PMTG (produit médicinal de thérapie génique), tels que les vaccins à ARNm et les ARNnc, devraient au moins être soumis à des directives spécifiques.»

Génotoxicité : Capacité d'une substance ou d'un rayonnement à altérer le génome d'êtres vivants (Larousse)

Un article publié en novembre 2020 dans le journal Mutagenesis pose une question cruciale : *Les vaccins à ARN rendent-ils les études de génotoxicité superflues ?*[10] Cet article met en lumière la nécessité de mener des analyses approfondies pour ces nouvelles technologies, en particulier sur la génotoxicité, mais aussi sur la toxicité générale et la biodistribution. Ces aspects sont essentiels pour garantir une évaluation complète et rigoureuse. Le fait que les vaccins à ARNm n'aient pas fait l'objet d'études non cliniques exhaustives dans ces domaines soulève des doutes sur la solidité des bases scientifiques ayant conduit aux décisions réglementaires.

« Le potentiel d'ARN exogène, viral ou autre, à s'intégrer dans l'ADN humain de la vaccination est au mieux théorique à l'heure actuelle. Le potentiel d'un tel ARN à conduire fondamentalement des processus altérés ou oncogènes dans les cellules humaines est également théorique. En effet, certains peuvent affirmer que les

---

10) Nevio Cimolai, Do RNA vaccines obviate the need for genotoxicity studies?, Mutagenesis, Volume 35, Issue 6, November 2020, Pages 509–510, https://doi.org/10.1093/mutage/geaa028

infections par des virus à ARN (ou ADN) présentent mieux l'ARN viral (ou l'ADN) dans les emplacements cellulaires où l'intégration ou les événements de premier coup se produisent plus que tout vaccin potentiel. Jusqu'à ce que de telles préoccupations hypothétiques soient testées ou observées à la suite d'une vaccination ou d'une infection naturelle, les évaluations réglementaires de l'innocuité des vaccins à ARN devraient inclure des études de génotoxicité. La condition requise pour fournir de telles données aux organismes de réglementation et l'expérience des régulateurs seront rassurantes, mais il est encore surprenant qu'il y ait une pénurie de telles données publiées largement dans les communautés scientifiques et médicales.»

Dans un article de 2018 intitulé *vaccins ARNm — une nouvelle ère en vaccinologie*[11], publié dans Nature, il était clairement indiqué :

« **Il n'existe pas de directives spécifiques de la FDA (Food and Drug Administration, États-Unis) ou de l'Agence européenne des médicaments (EMA acronyme anglais) pour les vaccins à ARNm**. Cependant, le nombre croissant d'essais cliniques menés sous la supervision de l'EMA et de la FDA indique que les régulateurs ont accepté les approches proposées par diverses organisations pour démontrer que les produits sont sûrs et acceptables pour les tests sur les humains. Étant donné que l'ARNm appartient à la vaste catégorie vaccinale des immunogènes génétiques, bon nombre des principes directeurs qui ont été définis pour les vaccins à ADN et les vecteurs de thérapie génique peuvent probablement être appliqués à l'ARNm avec quelques adaptations pour refléter les caractéristiques uniques de l'ARNm [...] À mesure que les produits d'ARNm deviennent plus importants dans le domaine des vaccins, il est probable que des

11) Pardi, N., Hogan, M., Porter, F. et al. mRNA vaccines — a new era in vaccinology. Nat Rev Drug Discov 17, 261–279 (2018). https://doi.org/10.1038/nrd.2017.243

directives spécifiques seront élaborées qui définiront les exigences pour produire et évaluer de nouveaux vaccins à ARNm. »

Qui sont ces organisations ? Nous ne le saurons probablement pas, puisqu'aucune référence précise n'est citée dans la publication. De plus, les auteurs soulignes que l'on pourrait appliquer les lignes directrices du vaccin ADN au vaccin ARN. Alors pourquoi cela n'a pas été fait ?

Dans le journal JAMA (Journal of the American Medical Association), un article publié peu avant l'approbation des vaccins COVID-19, en août 2020[12], abordait la prise de décision des autorités de santé publique durant une crise sanitaire. Cet article met en relief un risque majeur : celui qu'une décision prise trop rapidement par les autorités de santé publique puisse entraîner des conséquences inattendues. Voici ce que les auteurs écrivent :

> « La FDA a établi une approche scientifique bien développée pour l'approbation et la surveillance des vaccins. Il a rigoureusement présenté des plans sensés pour évaluer les candidats vaccins contre la Covid-19, mais a également noté la possibilité d'autres approches utilisant l'EUA (Emergency Use Authorization) ou une approbation accélérée basée sur des mesures de substitution avant même la fin des essais randomisés en cours. Les pressions politiques et économiques sur l'agence en octobre seront sans précédent. Mais la santé du pays sera bien mieux servie en s'appuyant sur l'approche rigoureuse habituelle de l'évaluation des vaccins. Un déploiement prématuré avant même que les données d'essai prévues ne soient collectées ne constituerait pas une percée médicale ; cela pourrait représenter un faux pas de santé publique majeur.»

---

12) Emergency Use Authorizations During the COVID-19 Pandemic. Lessons From Hydroxychloroquine for Vaccine Authorization and Approval Kyle Thomson, JD, MPH1; Herschel Nachlis, PhD JAMA. 2020;324(13):1282-1283. doi:10.1001/jama.2020.16253

Les vaccins ont été approuvés sous l'EUA (Emergency Use Authorization), une autorisation d'urgence. La FDA a affirmé que les normes scientifiques, le processus d'examen des vaccins et les exigences en matière de sécurité n'avaient pas été sacrifiés. Cependant, en approuvant le vaccin avant même que les études sur six mois ne soient terminées, l'agence a cédé à des pressions politiques et scientifiques visant à convaincre les non-vaccinés de recevoir leur première dose. Cette décision, bien qu'urgente, dans le contexte de la pandémie, illustre les craintes exprimées dans l'article du JAMA : un déploiement prématuré pourrait ne pas représenter une avancée médicale, mais plutôt un risque pour la santé publique, avec des conséquences potentiellement inattendues.

L'Europe a suivi une approche similaire, même si le produit a bénéficié d'une autorisation conditionnelle[13].

> « Les efforts visant à accélérer le développement de vaccins pour faire face à la pandémie de COVID-19 en cours n'ont pas sacrifié les normes scientifiques, l'intégrité du processus d'examen des vaccins ou la sécurité.»

> « Compte tenu de l'urgence due à la pandémie de COVID-19, l'EMA a mis en place des procédures d'examen rapide pour évaluer les demandes dans les plus brefs délais, tout en garantissant des avis scientifiques solides. Les «révisions en continu» sont essentielles pour accélérer la procédure. **Elles permettent à l'EMA, en cas d'urgence de santé publique, d'évaluer les données concernant des médicaments ou des vaccins prometteurs au fur et à mesure de leur disponibilité, sans attendre que tous les essais aient abouti pour démarrer ses travaux**.»

---

13) Questions-réponses: Autorisation de mise sur le marché conditionnelle de vaccins contre la COVID-19 dans l'UE. 11 décembre 2020.
https://ec.europa.eu/commission/presscorner/detail/fr/qanda_20_2390

Cependant, entre une autorisation régulière et une autorisation accélérée, il existe des différences suffisantes pour soulever des interrogations, d'autant plus lorsque la technologie n'a jamais été approuvée auparavant et n'avait jamais atteint la phase 3 des essais cliniques avant l'apparition du SARS-CoV-2. D'ailleurs, où sont les avis scientifiques solides mentionnés par l'EMA ? Pour un certain nombre de scientifiques, des questions restent sans réponses.

Dans le British Medical Journal (BMJ) de mars 20215 JW Ulm, un spécialiste de la thérapie génique explique[14] :

> « À l'heure actuelle, relativement peu ont été rapportés sur la localisation tissulaire des nanoparticules lipidiques (LNP) utilisées pour envelopper l'ARN messager codant la protéine de pointe (spike), et il est vital de disposer des informations plus spécifiques sur l'endroit précis où vont les nanoparticules lipidiques après l'injection. »

> « Pfizer-BioNTech et Moderna ont fait un travail remarquable en favorisant aussi rapidement la fabrication d'un produit aussi novateur, ce qui est véritablement une prouesse technologique. Cependant, des études pharmacocinétiques avec confirmation par des laboratoires indépendants sont essentielles pour déterminer la cytotoxicité potentielle et la toxicité macroscopique, en particulier, compte tenu de la probabilité d'injections de rappel sur des mois ou des années, car les schémas de trafic tissulaire de la charge utile du vaccin à ARNm détermineront quelles cellules et quels tissus sont tués par les lymphocytes T cytotoxiques à chaque injection. Compte tenu de la variation dans les formulations de NPL (NDLR Nanoparticules lipidiques), on ne

---

14) The EMA covid-19 data leak, and what it tells us about mRNA instability BMJ 2021;372:n627

sait pas dans quelle mesure les expérimentations animales précédentes sont pertinentes pour répondre à cette question. »

Le chercheur avait déjà exprimé ses préoccupations en janvier 2021 dans les commentaires d'un article du journal Science[15]. Il avait notamment évoqué ses inquiétudes quant à la possibilité que les nanoparticules lipidiques traversent la barrière hématoencéphalique pour pénétrer dans le cerveau, comme cela s'est produit chez la souris, où qu'elles se logent dans d'autres organes vitaux où la protéine de pointe (spike) pourrait s'exprimer. Il ajoutait que les effets neurologiques indésirables observés avec les vaccins devraient nous alerter s'ils ont été réellement déclenchés par ces derniers. Dans ce commentaire, il expliquait de façon exhaustive tout le mécanisme et précisait que :

« Cela semble également indiquer que les vaccins à ARNm présentent un risque beaucoup plus élevé de lésions systémiques et critiques des tissus et des organes que les autres vaccins, en particulier si plusieurs injections de rappel sont nécessaires, avec des effets secondaires qui peuvent ne pas se manifester avant des années (avec des dommages cumulatifs et une inflammation chronique). »

« Il semble que ni Pfizer ni Moderna n'aient publié grand-chose dans la littérature évaluée par des pairs sur la localisation cellulaire et tissulaire d'après ce que beaucoup d'entre nous ont pu lire, et cela ne semble pas présent dans les documents réglementaires non plus, même si cela semble être la question de sécurité critique pour toute campagne de vaccination de masse. »

Les auteurs de l'article de Nature cité précédemment faisaient déjà des mises en garde concernant le vaccin ARNm en 2018.

---

15) RNA Vaccines And Their Lipids, Derek Lowe. Science 11 janvier 2021

« Les problèmes de sécurité potentiels qui seront probablement évalués dans les futures études précliniques et cliniques comprennent l'inflammation locale et systémique, la biodistribution et la persistance de l'immunogène exprimé, la stimulation d'anticorps auto-réactifs et les effets toxiques potentiels de tout nucléotide non natif et des composants du système d'administration. **Le fait que certaines plateformes vaccinales à base d'ARNm induisent de puissantes réponses d'interféron de type I qui ont été associées non seulement à l'inflammation, mais aussi potentiellement à l'auto-immunité, pourrait constituer une source de préoccupation. Ainsi, l'identification des personnes présentant un risque accru de réactions auto-immunes avant la vaccination par ARNm pourrait permettre de prendre des précautions raisonnables. Un autre problème de sécurité potentiel pourrait découler de la présence d'ARN extracellulaire lors de la vaccination par ARNm. Il a été démontré que l'ARN nu extracellulaire augmente la perméabilité des cellules endothéliales serrées et peut donc contribuer à l'œdème. Une autre étude a montré que l'ARN extracellulaire favorisait la coagulation sanguine et la formation de thrombus pathologiques. La sécurité devra donc faire l'objet d'une évaluation continue au fur et à mesure que les différentes modalités et systèmes d'administration de l'ARNm seront utilisés pour la première fois chez l'homme et testés sur des populations de patients plus importantes.** »

L'un des auteurs de cet article est Drew Weissman, lauréat du prix Nobel 2023 pour ses travaux sur l'ARNm. Pourtant, en 2021, dans un éditorial intitulé *Démystifier les idées fausses sur les vaccins à ARNm : un aperçu pour les professionnels de la santé*[16] paru dans The American Journal of Medicine, il invite les médecins à faire confiance à cette technologie, en minimisant les risques. Cette position semble en contradiction avec l'article qu'il avait corédiger

16) Debunking mRNA Vaccine Misconceptions—An Overview for Medical Professionals 15 mars 2021 doi: 10.1016/j.amjmed.2021.02.004

en 2018. Rien n'indique que toutes les questions soulevées aient été résolues en moins d'un an. Doit-on penser que des considérations financières auraient pu influencer son éthique ou sa probité ? Si cette question paraît mal à propos, elle doit se poser puisque vous découvrez, dans ce chapitre, que de nombreuses questions, concernant cette technologie, restent sans réponses ! De plus, la qualité des analyses nous interroge.

Les études de toxicologie et de biodistribution ne peuvent se résumer à des analyses succinctes sur des modèles animaux. Elles auraient dû être intégrées dès le départ dans le cahier des charges des vaccins à ARNm. Rappelons qu'en 2016, il n'existait aucune directive réglementaire spécifique pour ces vaccins, et cette absence persistait encore en 2020. L'évaluation des risques et le choix des tests ont été laissés à la discrétion des compagnies pharmaceutiques, sous la supervision de l'EMA et de la FDA.

La biodistribution a suscité de nombreux débats. Certains chercheurs, souvent impliqués dans le développement de l'ARNm, ont tenté de minimiser son impact. Pourtant, quiconque s'intéresse aux nanoparticules lipidiques sait qu'elles ne restent pas simplement au niveau du muscle, mais peuvent se loger dans d'autres organes, notamment le foie. Depuis la mise sur le marché des vaccins, plusieurs études réalisées sur des souris tendent à confirmer cette réalité. Cette mauvaise biodistribution n'est pas sans conséquence, jusqu'à preuve du contraire.

De plus, la taille des nanoparticules peut également influencer leur biodistribution. Rien n'indique que l'EMA ou la FDA prennent en compte les modifications de composition et de taille des nanoparticules, que ce soit lors de l'évaluation des nouveaux vaccins ou des modifications apportées aux vaccins existants contre la COVID-19. Pourtant, ces changements peuvent entraîner des comportements différents des nanoparticules lipidiques dans l'organisme. Dans le cas de Moderna, par exemple, l'EMA a testé des nanoparticules similaires à celles présentes dans le vaccin de la compagnie, mais pas identiques à celles finalement utilisées dans les produits distribués au grand public. Une fois encore, les études chez l'homme manquent cruellement.

Une meilleure compréhension de la biodistribution des nanoparticules lipidiques d'ARNm chez l'homme pourrait pourtant permettre d'améliorer la sécurité et l'efficacité des vaccins ainsi que des thérapies à base d'ARNm.

Voici ce que nous rapporte l'EMA[17]:

> « De faibles niveaux d'ARNm ont pu être détectés dans tous les tissus examinés, à l'exception du rein. Cela comprenait le cœur, les poumons, les testicules et également les tissus cérébraux, indiquant que la plate-forme ARNm/NPL a traversé la barrière hématoencéphalique, bien qu'à des niveaux très faibles (2 à 4 % du niveau plasmatique). »

Bien entendu, ces résultats obtenus sur la souris auraient dû être corroborés par des études sur l'humain, mais cela n'a pas été fait dans les essais de phase 3.

Avant 2017, aucun vaccin à ARNm n'avait été testé chez l'homme. Bien que le premier vaccin basé sur l'ARNm ait été analysé sur des souris en 1993, il reposait sur une technologie différente. Deux différences majeures distinguent ces approches : le transporteur de l'ARNm et la nature de l'ARNm lui-même. À l'époque, l'ARNm synthétique utilisé dans les vaccins n'était pas modifié, contrairement à celui du vaccin contre la COVID-19. Par ailleurs, le transporteur

---

17) 11 March 2021EMA/15689/2021 Corr.1*1Committee for Medicinal Products for Human Use (CHMP) COVID-19
https://www.ema.europa.eu/en/documents/assessment-report/spikevax-previously-covid-19-vaccine-moderna-epar-public-assessment-report_en.pdf

utilisé était un liposome, tandis qu'aujourd'hui, il s'agit d'une nanoparticule lipidique. Bien que ces deux structures soient similaires, leurs différences sont significatives. L'histoire de Moderna illustre bien les défis posés par le développement d'un tel transporteur en raison de sa toxicité et de son potentiel pro-inflammatoire.

> « Les liposomes et les nanoparticules lipidiques sont de conception similaire, mais légèrement différente dans leur composition et leur fonction. Les deux sont des nano-formulations lipidiques et d'excellents outils d'administration de médicaments capables de transporter des marchandises ciblées au sein de la couche externe protectrice de lipides. Cependant, dans les applications, les nanoparticules lipidiques peuvent prendre de nombreuses formes. »[18]

Les risques des nanoparticules lipidiques (LNP) ont été largement sous-estimés, souvent considérés comme de simples transporteurs sans conséquences notables. Pourtant, depuis l'introduction des vaccins, des études ont mis en lumière des interrogations légitimes sur leur sécurité. En 2021, une étude a exploré ces risques. Voici le résumé donné par les auteurs de l'étude[19] :

> « En résumé, les effets secondaires de la première vaccination, à l'exception du CARPA [NDLR allergie anaphylactique d'un des composants], sont probablement associés à une forte inflammation innée induite par les LNP [NDLR : les nanoparticules lipidiques]. En revanche, après la deuxième vaccination, les effets secondaires pourraient être exacerbés par des réponses immunitaires ciblant les cellules exprimant la protéine vaccinale [NDLR : spike] ou ses dérivés peptidiques. Il reste à déterminer si les réponses de la mémoire

---

18) Liposomes vs. Lipid Nanoparticles: Which Is Best for Drug Delivery? Release 2020/8/4 10:29:33 https://www.biochempeg.com/article/122.html

19)The mRNA-LNP platform's lipid nanoparticle component used in preclinical vaccine studies is highly inflammatory 17 décembre 2021 doi: 10.1016/j.isci.2021.103479

innée [NDLR: En relation avec le système immunitaire inné est la première ligne de défense de l'organisme contre les agents pathogènes] aux LNP contribuent également à amplifier les effets secondaires. Globalement, le milieu inflammatoire robuste induit par les LNP, combiné à la présentation des peptides/protéines dérivés du vaccin en dehors des cellules présentatrices d'antigènes, pourrait causer des lésions tissulaires et exacerber les effets secondaires. La présentation d'auto-antigènes dans un environnement inflammatoire ayant été liée au développement de maladies auto-immunes , cette question mérite d'être étudiée plus avant.»

Bien que cette étude ait été réalisée sur des souris, elle pourrait confirmer ce qui avait déjà été suggéré en 2018 concernant les risques de maladies auto-immunes associés aux vaccins à ARN messager. Ces résultats font également écho aux propos de certains experts, notamment le généticien, cité précédemment, publié dans le British Medical Journal, sur les lésions tissulaires. Les questions soulevées par ce dernier trouvent, en parite, un écho dans cette étude, comme en témoigne l'extrait suivant :

« Le lipide synthétique ionisable contenu dans le vaccin SARS-CoV- 2 de Pfizer aurait une demi-vie d'environ 20 à 30 jours chez l'homme (Comirnaty, 2021). Il reste à déterminer si la présence à long terme de lipides ionisables pourrait entraîner de faibles niveaux d'inflammation chronique et d'épuisement immunitaire (Wherry et Kurachi, 2015).»

Ces résultats, ainsi que l'ensemble des données présenté, invitent à reconsidérer l'idée selon laquelle les risques étaient négligeables. Contrairement à ce qui a souvent été affirmé, il semble qu'ils aient été sous-évalués et, dans certains cas, minimisés, voire effacés dans les discours officiels des autorités de santé publique, des médecins et des scientifiques. Le principe de précaution aurait pourtant dû inciter à une plus grande prudence dans les directives imposées.

Enfin, il est légitime de se demander si les études présentées à la FDA et à l'EMA étaient suffisamment solides pour évaluer pleinement ces risques. Ni Pfizer-BioNTech ni Moderna n'ont mis en lumière ces phénomènes dans leurs données publiées. De plus, ceux qui ont régulièrement minimisé les travaux réalisés sur les modèles animaux, notamment les journalistes, semblent ignorer qu'en l'absence de données suffisantes sur l'humain et sans le recul nécessaire, les modèles animaux restent une référence essentielle pour comprendre les mécanismes biologiques.

L'antigène, la protéine spike, a suscité de vifs débats, et ce, non sans raison. Depuis les études sur le SARS-CoV-1, il est reconnu que vacciner en utilisant la protéine de pointe de pleine longueur (spike), comme c'est le cas avec les vaccins contre la COVID-19, n'est pas une idée optimale en raison des effets délétères qu'elle pourrait engendrer.

> « Bien que les vaccins anti-SRAS à base de protéine S pleine longueur puissent induire des réponses d'anticorps neutralisants contre l'infection par le SRAS-CoV-1, ils peuvent également induire des réponses immunitaires nocives qui provoquent des lésions hépatiques des animaux vaccinés ou une infection accrue après une infection par le SRAS-CoV homologue, ce qui soulève des inquiétudes quant à la sécurité et à l'efficacité protectrice ultime des vaccins qui contiennent la protéine S pleine longueur du SRAS-CoV-1. » (étude réalisée en 2009) [20]

Cette étude est intéressante à plus d'un égard, car elle décrit toutes les stratégies pour combattre le SARS-COV-1. A-t-on tenu en compte au moment de l'arrivée du SARS-COV-2 ? Le plus ahurissant est ce qu'affirment les chercheurs : *ainsi, la plupart des grandes*

---

20) Du, L., He, Y., Zhou, Y. et al. The spike protein of SARS-CoV — a target for vaccine and therapeutic development. Nat Rev Microbiol 7, 226–236 (2009). https://doi.org/10.1038/nrmicro2090

sociétés pharmaceutiques ne sont pas intéressées par le développement de vaccins et de traitements contre le SRAS en raison des préoccupations de rentabilité. Imaginons si depuis 2009 des études avaient été menées, si ce n'est pour développer des traitements au moins pour mieux en comprendre tous les mécanismes de la maladie et comment, s'en prémunir, la pandémie aurait pris un tout autre visage. Une fois encore, on ne peut que constater les visions court-termiste et affairiste de nos sociétés.

On a prétendu que les modifications de deux acides aminés dans la protéine spike des vaccins à ARNm rendaient cette dernière moins virulente, mais la réalité est plus complexe. Ces modifications visent à empêcher la fusion cellulaire, un mécanisme utilisé par le SARS-CoV-2 pour échapper au système immunitaire et aggraver l'infection, ce qui contribue à la sévérité de la maladie et à des complications telles que les thromboses. Inspiré de travaux sur le MERS, ce procédé, breveté, a permis de rendre la vaccination plus sécuritaire en limitant ce phénomène.

Toutefois, Bing Chen,virologue à la Harvard Medical School, impliqué dans ces études, souligne que ces modifications pourraient avoir un impact limité chez l'homme et qu'aucune garantie n'existe quant à leur efficacité. De plus, les autres effets potentiels de la protéine spike ne sont pas nécessairement atténués.[20]

BioNTech était probablement conscient des risques associés à l'utilisation de la protéine spike, puisque l'entreprise a testé une alternative : le domaine de liaison au récepteur (receptor-binding domain, RBD) de cette protéine. Leur vaccin initial, BNT162b1, utilisait ce RBD, tandis que le BNT162b2 (le vaccin actuellement utilisé) repose sur la protéine spike de pleine longueur. Bien que la

21) The tiny tweak behind COVID-19 vaccines Ryan Cross 29 septembre 2020 Volume 98, Issue 38 C&en

réponse immunitaire obtenue avec le vaccin basé sur le RBD ait été moins robuste, des documents que j'ai consultés suggèrent que l'abandon de ce vaccin pourrait être lié à des effets secondaires plus importants. Cependant, je n'ai pas trouvé de réponse claire à ces divergences.

Par ailleurs, il est étonnant que personne n'ait utilisé la sous-unité S2 de la protéine spike, malgré de nombreux articles qui mentionnent que cette sous-unité pourrait induire une production d'anticorps efficaces contre tous les variants, puisqu'elle subit peu de mutations. Cette sous-unité pourrait également être exploitée pour la création de médicaments. Une fois de plus, nous constatons le grand nombre d'incertitudes et l'absence d'études suffisamment solides pour garantir un produit, sinon pleinement efficace, du moins sûr.

Le premier vaccin à ARNm similaire à celui utilisé contre la Covid-19 date de 2017. Il s'agissait d'un vaccin contre les grippes H10N8 et H7N9, conçu par Moderna et testé sur un petit nombre d'individus. Ce vaccin n'a jamais dépassé la phase 2. Pour Moderna, cela constituait une avancée après de nombreux échecs dans le développement de vaccins similaires. Quant à BioNTech, l'entreprise n'avait jamais réalisé de vaccin avant la pandémie. Elle avait utilisé l'ARNm uniquement dans des traitements expérimentaux contre le cancer. De plus, ni Pfizer ni Moderna n'avaient d'expérience préalable dans la production de masse de vaccins à ARNm.

Ces constats soulèvent une question fondamentale : peut-on s'interroger sur la qualité de la production de l'ARNm ?

Le BMJ a été le seul à enquêter sur cette question[22]. La journaliste ayant mené l'enquête a fait face à des accusations de diffuser des « fake news » car ces confrères ne souhaitaient pas se confronter à

---

22) The EMA covid-19 data leak, and what it tells us about mRNA instability
BMJ 2021; 372 doi: https://doi.org/10.1136/bmj.n627 (Published 10 March 2021)

la réalité des faits par crainte de nuire à la vaccination. Elle a découvert que la quantité d'ARNm dans certains vaccins semblait étonnamment faible et que l'ARNm était parfois endommagé. Elle a également mis en lumière l'instabilité de l'ARNm, considérée comme l'un des principaux obstacles au développement de vaccins basés sur l'acide nucléique. Cette instabilité explique en grande partie les exigences strictes en matière de chaîne de froid. Pourtant, cette instabilité n'est pas une surprise pour ceux qui se sont penchés sur les nanoparticules lipidiques.

Les nanoparticules lipidiques, utilisées comme vecteurs pour l'ARNm, sont, de manière très schématique, une sorte d'émulsion, composée de matière grasse, d'eau et d'un surfactant. À l'origine, ces nanoparticules ont été conçues pour transporter une autre technologie ARN, le siARN (Small Interfering RNA ou petit ARN interférent). Cependant, le siARN est beaucoup plus petit que l'ARNm. Lorsque l'ARNm est encapsulé dans ces particules, sa grande taille pose des défis supplémentaires. Le risque qu'il entre en contact avec l'eau présente dans les nanoparticules peut fragiliser sa structure et rendre le vaccin moins efficace, voire inefficace, si les températures dépassent le point de congélation.

Cette étude publiée en avril 2021[23] met en évidence l'influence de la formulation des nanoparticules sur la stabilité de l'ARNm. De plus, les chercheurs ignorent encore si les lipides cationiques ionisables présents dans ces particules interagissent avec l'ARNm et, si c'est le cas, de quelle manière. Comprendre ces interactions nécessite des recherches approfondies pour évaluer leurs conséquences potentielles. Les auteurs de l'étude concluent:

> «Ce rapport est la première enquête complète sur les facteurs à l'origine de l'instabilité du vaccin ARNm-NPL. Il indique également

---

23) The EMA covid-19 data leak, and what it tells us about mRNA instability
BMJ 2021; 372 doi: https://doi.org/10.1136/bmj.n627 (Published 10 March 2021)

> des solutions pour remédier à cette instabilité et peut ainsi aider au développement de vaccins à ARNm-NPL plus thermostables, éliminant ainsi un obstacle majeur à la distribution de ces vaccins. »

Cependant, selon les recommandations faites aux autorités de santé, ces vaccins pourraient être conservés à une température de 2 °C à 8 °C pendant plusieurs jours, voire un mois dans le cas de Moderna. Cela soulève une question cruciale : quelles conséquences cela a-t-il sur le vaccin ? Les formules de BioNTech et Moderna sont-elles vraiment adaptées à ces conditions de stockage ?

L'étude précise également :

> « Actuellement, pratiquement aucune donnée n'est disponible dans le domaine public sur ce qui se passe lorsque les formulations d'ARNm-NPL sont stockées pendant de longues périodes de temps. De plus, on ne sait pas dans quelle mesure le fait que l'ARNm est encapsulé dans les nanoparticules lipidiques influence la stabilité de stockage du vaccin à ARNm. De plus, on sait très peu de choses sur la structure et la morphologie des nanoparticules lipidiques formulées avec de l'ARNm, la stabilité chimique des composants des nanoparticules lipidiques et la stabilité colloïdale du système ARNm-NPL. »

La journaliste du BMJ souligne que les directives réglementaires spécifiques aux vaccins à base d'ARNm n'ont pas encore été développées. Les tentatives du BMJ pour clarifier en quoi consistent les normes actuelles ont été infructueuses. Le plus troublant est la réaction des acteurs impliqués. Lorsque le BMJ a demandé à Pfizer, Moderna, ainsi qu'aux agences sanitaires comme la FDA, l'EMA, la MHRA (Royaume-Uni) et Santé Canada ce qu'ils considéraient comme un pourcentage acceptable d'ARNm dans les vaccins, tous ont refusé de répondre, invoquant la confidentialité des données. L'EMA a reconnu que certains lots ne contenaient pas la quantité d'ARNm attendue. Santé Canada a affirmé que Pfizer avait corrigé ces problèmes et que les produits étaient désormais conformes. L'attitude des autorités sanitaires de ces pays est pour le moins dérangeante.

L'utilisation du mot « vaccin » semble avoir été choisie pour rassurer et atténuer les incertitudes liées à une technologie nouvelle chez l'homme, bien qu'ancienne chez l'animal. Mais était-ce le terme le plus approprié pour désigner cette technologie, d'un point de vue sémantique ou médical ? Les questions relatives à sa réglementation éveillent forcément des interrogations.

Évaluer une même technologie différemment selon son usage pousse à se demander ce qui est réellement analysé : est-ce la technologie elle-même ou l'usage qu'on en fait ? Dire qu'un couteau dentelé serait moins dangereux s'il sert à couper du pain plutôt que des légumes, relève du non-sens. Lorsqu'on analyse un produit, on doit évaluer à la fois la technologie et son usage.

Les scientifiques pouvaient-ils réellement garantir une sécurité suffisante pour vacciner l'ensemble de la population alors que l'ARNm modifié, encapsulé dans une nanoparticule lipidique, n'avait pratiquement jamais été utilisé chez l'homme ? Ont-ils mesuré les risques d'une telle décision, sachant que les analyses étaient absentes ou imparfaites et que les principales références provenaient de tests menés sur des animaux ? N'est-ce pas un crime — et je pèse mes mots — d'avoir vacciné des enfants et des adolescents en dépit des incertitudes concernant cette technologie ?

Plus encore, avec l'arrivée des premiers variant la santé publique n'aurait-elle pas dû considérer les risques de l'empreinte immunitaire au lieu de maintenir la vaccination avec la souche d'origine ? Pourtant, Omicron n'est-il pas la résultante de cet effet ?

La réponse immunitaire n'est pas la même pour tous les individus, d'autant plus que l'empreinte immunitaire (immune imprinting) joue un rôle important. Imaginez que lorsque vous êtes enfant, vous êtes infecté par un type de virus, ce dernier s'inscrit dans la mémoire de votre système immunitaire et vous protège tout au long de votre vie contre lui. Par contre, si vous êtes confronté à un virus de la même famille, mais plus ou moins éloigné de celui que vous avez eu enfant, votre système immunitaire peut se montrer inefficace. Il se peut même que le vaccin contre ce nouveau virus n'ait pas d'emprise sur vous et que vous soyez davantage malade.

Beaucoup d'études ont été réalisées sur ce sujet, notamment concernant le vaccin contre la grippe. L'arrivée du SARS-CoV-2 a conduit certains chercheurs à se pencher sur cette question, alors que les variants continuaient d'apparaître et que l'on persistait à vacciner avec la souche d'origine. Une étude sur l'empreinte immunitaire met bien en perspective ce problème :[24]

> « L'empreinte immunitaire est un phénomène par lequel l'exposition initiale à une souche virale amorce efficacement la mémoire des lymphocytes B et limite le développement des lymphocytes B mémoire et des anticorps neutralisants contre les nouvelles souches mineures du virus. Nous émettons l'hypothèse que la mise à jour répétée des vaccins contre le SRAS-CoV-2 pourrait ne pas être pleinement efficace en raison des limitations imposées par l'empreinte immunitaire antérieure aux souches ancestrales du SRAS-CoV-2. Bien que l'on espère que l'empreinte immunitaire ne sera pas un problème majeur pour les infections par le SRAS-CoV-2, la possibilité que l'empreinte immunitaire réduise considérablement l'efficacité des futurs vaccins contre le SRAS-CoV-2 nécessite une action immédiate pour définir à la fois l'étendue du problème et commencer à imaginer des solutions. »

---

24) Immune imprinting and SARS-CoV-2 vaccine design Trend in Immunology 11 novembre 2021 doi: 10.1016/j.it.2021.09.001

> « Alors que le monde est aux prises avec le contrôle du SRAS-CoV-2 pour les années à venir, il semble probable que la vaccination ou les infections récurrentes deviendront courantes et que l'empreinte immunitaire pourrait devenir un problème de plus en plus important à considérer. »

Cette empreinte immunitaire peut agir autant positivement que négativement comme l'a montré une étude anglaise[25]. Le variant Delta a non seulement échappé le plus souvent à la vaccination, mais la protection était de zéro au bout de cinq mois après la seconde dose.

Les chercheurs soulignent l'importance de tenir compte de l'infection naturelle et de l'historique de vaccination d'une population lors de la priorisation de nouveaux vaccins. Cela est d'autant plus opportun que le monde est confronté à l'émergence d'un nouveau variant. Est-ce que la santé publique a tenu compte de ces recommandations ? On continue à vacciner sans réfléchir comme on le fait pour la grippe depuis des années sans tenir compte de la complexité de ce phénomène et des risques encourus. Une fois encore nous avons vu durant la pandémie des chercheurs minimiser ce phénomène ou le déconsidérer. Cela montre que lorsque l'idéologie vaccinale s'impose la science est éclipsée.

> « L'hétérogénéité des réponses immunitaires du SRAS-CoV-2 est devenue considérablement plus complexe au fil du temps en raison des différents rappels vaccinaux, du nombre d'expositions à l'antigène et des mutations fréquentes du virus. Cela complique la stratégie vaccinale dans les futures campagnes de vaccination. L'évaluation des réponses humorales et cellulaires, y compris l'établissement d'un

---

25) Immune imprinting causes varied patterns of protection against COVID-19 variants. Emily Head 3 décembre 2021 https://www.imperial.ac.uk/news/232396/immune-imprinting-causes-varied-patterns-protection/

consensus sur les corrélats de protection, est cruciale pour identifier qui pourrait être éligible à des rappels vaccinaux supplémentaires. »[26]

Lorsqu'on souhaite renforcer la crédibilité d'une thèse, rien de mieux que des chiffres. Aujourd'hui, les statistiques sont omniprésentes. À l'annonce d'un vaccin, les médias du monde entier ont mis en avant un taux d'efficacité de 95 %, présenté comme une victoire. Cependant, ce chiffre n'a jamais été expliqué en profondeur, conduisant de nombreuses personnes à penser, à tort, que le vaccin offrait une protection de 95 % contre l'infection.

J'ai toujours eu une aversion pour les statistiques qui, souvent, ne reflètent en rien la réalité. Ce ne sont que des probabilités, des moyennes qui ignorent les spécificités individuelles. Les subtilités qu'elles masquent peuvent pourtant faire toute la différence.

John Timmer, directeur scientifique chez Ars Technica, a écrit un article intéressant sur le sujet : We're so good at medical studies that most of them are wrong (nous sommes si bons dans les études médicales que la plupart sont fausses)[27]. Cet article résume une conférence où des experts des statistiques ont discuté de leur impact sur la science. Selon eux, la complexité des modèles statistiques engendre souvent des erreurs qui, lorsqu'elles s'accumulent, compromettent les résultats finaux. Dans certains cas, les mêmes données peuvent produire des résultats différents selon le modèle statistique utilisé. Un intervenant souligne que statisticiens et chercheurs médicaux vivent dans deux « bulles de verre », refusant d'admettre les problèmes qui leur sont propres et d'engager un dialogue. En conclusion, il est crucial, selon ces experts, d'informer le

26) Pérez-Alós, L., Hansen, C.B., Almagro Armenteros, J.J. et al. Previous immunity shapes immune responses to SARS-CoV-2 booster vaccination and Omicron breakthrough infection risk. Nat Commun 14, 5624 (2023). https://doi.org/10.1038/s41467-023-41342-2

27) http://arstechnica.com/science/news/2010/03/were-so-good-at-medical-studies-that-most-of-them-are-wrong.ars

public des limites des modèles statistiques, afin d'éviter des conclusions hâtives et prématurées dans les recherches médicales.

Que représente une efficacité de 95 %

Le chiffre de 95 % représente l'efficacité relative ou la réduction relative du risque. Ce type de statistique est souvent utilisé pour produire des manchettes accrocheuses, mais il ne reflète pas fidèlement la réalité des faits. Pour comprendre son importance, il faut mettre ce chiffre en relation avec la réduction du risque absolu.

voici la définition donnée par la Prof Cathy Jackson[28]

> « **Le risque absolu** (RA) d'une maladie est votre risque de développer la maladie sur une période de temps. Nous avons tous des risques absolus de développer diverses maladies, telles que les maladies cardiaques, le cancer, les accidents vasculaires cérébraux, etc. »

> « **Le risque relatif** est utilisé pour comparer le risque dans deux groupes de personnes différents. Par exemple, les groupes pourraient être des fumeurs et des non-fumeurs. Toutes sortes de groupes sont comparés à d'autres dans la recherche médicale pour voir si l'appartenance à un groupe augmente ou diminue votre risque de développer certaines maladies.»

> N.B. La réduction du risque Absolu (RRA) c'est le pourcentage de réduction du risque de contracter la maladie à la suite du traitement. Ex: un RRA de 10 % signifie que le traitement vous permet de réduire vos risque d'être malade de 10 %.

---

28) Calculating absolute risk and relative risk Peer reviewed by Prof Cathy Jackson, MRCGPLast updated 30 Jan 2018 https://patient.info/news-and-features/calculating-absolute-risk-and-relative-risk

Ainsi, le 95 % d'efficacité présentée dans les médias ne donne aucune perspective exacte sur le risque individuel. En réalité, l'efficacité relative et absolue ne signifie pas grand-chose si elles ne sont pas replacées dans un contexte général.

L'étude de Pfizer, tout comme celle de Moderna, a pris soin d'omettre les valeurs absolues de leurs résultats, et pour cause : ces valeurs n'étaient pas suffisamment significatives. Cette omission contrevient aux règles édictées par la FDA et exigées dans des études bien construites.

Dans son document intitulé : *Communiquer les risques et les bénéfices : un guide de l'utilisateur fondé sur des données probantes*, la FDA souligne que les risques absolus sont toujours plus informatifs.[29]

Dans le cas du vaccin Pfizer, le risque de réduction absolu (RRA) était de 0,71 %, tandis que celui de Moderna atteignait 1,1 %. Autrement dit, la vaccination réduisait le risque de contracter la Covid de 0,71 % (Pfizer) ou de 1,1 % (Moderna). Les partisans de la vaccination ont mis en avant l'efficacité relative de 95 %, tandis que les sceptiques se sont concentrés sur le 0,71 %. En réalité, ces deux interprétations sont simplistes et trompeuses, car elles ne tiennent pas compte du contexte global de l'étude.

En réalité, cela signifie que l'étude de Pfizer n'était pas assez significative, car le nombre de contaminés dans le groupe des non-vaccinés était très faible. Si ce nombre avait été beaucoup plus élevé, on aurait pu observer une réduction du risque absolu de 74 % et un risque de réduction relatif de 94 %, dans le cas où le vaccin est efficace. L'efficacité relative serait alors restée identique à celle

---

29) Communicating Risks and Benefits : An Evidence-Based User's Guide. FDA https://www.fda.gov/files/about%20fda/published/Communicating-Risk-and-Benefits---An-Evidence-Based-User%27s-Guide-%28Printer-Friendly%29.pdf

annoncée par Pfizer, mais la réduction absolue des risques de contamination aurait été bien plus importante. Cela suggère soit que l'étude de Pfizer a révélé que la contagion n'était peut-être pas aussi élevée qu'on l'avait cru, soit qu'elle a été réalisée dans un contexte particulier, comme celui d'un confinement généralisé. Annoncer que l'étude de Pfizer n'était pas suffisamment significative aurait pu laisser le public sceptique. En revanche, le chiffre de 95 % d'efficacité relative a rassuré et convaincu la population.

Imaginez maintenant si l'on avait présenté avec la même transparence les chiffres concernant les effets secondaires issus des essais de phase 3 de Pfizer. Les calculs montrent que le risque relatif d'avoir des effets secondaires de stade 3 de Pfizer était de 80 %, tandis que la RRA s'élevait à 16 %. Cela signifie qu'une personne sur six était susceptible de développer un effet secondaire. Dans cette perspective, un risque relatif de 80 % aurait certainement effrayé la population. Déjà, une RRA de 16 % est un chiffre significatif, surtout lorsqu'on le compare à la RRA de la vaccination, qui est de seulement 0,71 %. En d'autres termes, il y avait davantage de chances pour une personne vaccinée de subir un effet secondaire que d'être protégée contre la COVID grâce au vaccin de Pfizer. Cette démonstration illustre parfaitement à quel point les chiffres peuvent être manipulés pour orienter la perception du public.

La manière dont les chiffres sont utilisés n'est pas un problème mineur. Cela peut avoir une grande importance sur les décisions prises et la compréhension d'une situation. Dans HealthNewsReview.org, le professeur Gerd Gigerenzer de l'Institut Max Planck à Berlin l'exprime parfaitement dans un article intitulé : *Le gourou, Gigerenzer, de la communication, sur les risques soutient que la communication sur les risques absolus est une question morale.* [30]

---

30)https://www.healthnewsreview.org/2010/12/leading-risk-comm-guru-gigerenzer-argues-that-absolute-risk-communication-is-a-moral-issue/

« Il [Gerd Gigerenzer] a déjà écrit sur la façon dont la communication trompeuse des risques est un problème moral pour les revues médicales, pour les journalistes, pour les chercheurs et pour toute personne qui communique au public sur les problèmes de santé. »

« Le signalement des risques relatifs sans risque de base est pratiqué non seulement par les journalistes parce que les gros chiffres font de meilleurs titres ou par les organisations de santé parce qu'ils augmentent les taux de participation au dépistage. La source [du problème] semble être les revues médicales, à partir desquelles les chiffres se sont propagés aux communiqués de presse, aux brochures sur la santé et aux médias.»

Dans un autre article[31], il démontre clairement que, lorsqu'il s'agit de présenter les effets bénéfiques, on privilégie l'utilisation du risque relatif, car celui-ci paraît plus important. En revanche, pour les effets secondaires, on préfère afficher le risque absolu, car il est plus faible.

« Cependant, le problème ne s'arrête pas là. Le centre Harding pour littéracie des risques a également signalé que les revues médicales publient souvent des études qui ont ce qu'on appelle un cadrage inadapté : Les avantages sont présentés en termes relatifs, tandis que les inconvénients ou les effets secondaires sont présentés en termes absolus. Pourquoi ? »

«Le risque absolu semble faible, il est donc utilisé pour les effets secondaires», a déclaré la chercheuse en chef de Harding, Mirjam Jenny. «Je pense que c'est fait exprès — je ne pense pas que cela se produise par accident.»

---

31) https://www.healthnewsreview.org/toolkit/tips-for-understanding-studies/absolute-vs-relative-risk/

> « En d'autres termes, les auteurs de l'étude veulent que les avantages paraissent plus grands et que les inconvénients paraissent plus petits. Ce cadrage incohérent est souvent repris par les journalistes qui rendent compte de l'étude. Pourtant, le patient va prendre ces décisions sur la base de ces informations biaisées. »
>
> « Risque absolu vs risque relatif : chacun peut être exact. Mais l'un peut être terriblement trompeur. Si votre travail est responsable du marketing pour le nouveau médicament, vous n'utiliserez probablement que la réduction du risque relatif (NDLR C'est ce qu'on fait, les compagnies pharmaceutiques pour nous vendre leur vaccin). Si votre travail est celui de journaliste, vous serviriez mieux vos lecteurs et téléspectateurs en soulignant la réduction absolue des risques et en vous assurant de ne pas faire écho à un cadrage incohérent. (NDLR : tout le contraire de ce que l'on fait les journalistes) »

On constate que, selon les idées que l'on défend, on tend à sélectionner les chiffres qui appuient notre point de vue. Cela soulève une question importante : pourquoi ne s'est-on pas davantage attardé sur les causes de décès associées au vaccin Pfizer ? Certains estiment que le nombre de morts n'était pas significatif, en raison de la taille réduite de la cohorte étudiée. Pourtant, au regard des connaissances actuelles sur les effets secondaires, ces chiffres prennent une importance particulière. L'étude a révélé une probabilité accrue de décès liés à des incidents cardiovasculaires dans le groupe des vaccinés comparé à celui du placebo. D'un côté, on cherchait à écarter ces résultats, tandis que, de l'autre, on retenait ceux concernant la protection contre la sévérité de la maladie, qui n'étaient guère plus concluants. Pourtant, on n'a cessé de répéter qu'il s'agissait de la botte secrète du vaccin. En réalité, les données restent floues, que ce soit pour une dose, deux doses, ou même pour la prévention des formes sévères. Le professeur Stephen Evans, spécialiste en statistiques médicales à la London School of

Hygiene & Tropical Medicine et ancien membre du comité de sécurité des médicaments de l'Agence européenne des médicaments, a souligné ce manque de clarté dans un article de Business Insider[32]

Pouvait-on réellement prendre des décisions et affirmer ce qui a été avancé sur les vaccins au vu des études de phase 3 de Pfizer et Moderna ?

Où se trouve la vérité que l'on a tant vantée ? Où est cette information de qualité que les médias avaient promise ? Les journalistes, scientifiques et médecins ne devraient pas s'en prendre aux sceptiques ou aux complotistes ; ils ont eux-mêmes ouvert la porte à ces discours en négligeant d'explorer en profondeur les sujets qu'ils traitaient.

Les théories antivax ne naissent pas par hasard. Elles prospèrent lorsque les médias refusent d'interroger les faits avec rigueur ou manquent de pédagogie dans leurs explications. De plus, un manque de maîtrise des sujets scientifiques par certains journalistes accentue cette dérive. Ces derniers, en se positionnant parfois comme des donneurs de leçons ou des idéologues, ont perdu une part importante de leur crédibilité auprès du public.

Cette pandémie a révélé des lacunes majeures, qu'elles soient scientifiques, communicationnelles ou liées à la divulgation des faits. Ces lacunes, qu'elles résultent d'une absence de connaissance, d'un manque d'investigation ou d'une volonté délibérée de simplification, ont contribué à façonner un récit public simpliste autour des vaccins à ARNm. Avant d'explorer en profondeur les enjeux éthiques de cette gestion dans le prochain chapitre, il est crucial de réfléchir à ce que cette expérience nous enseigne sur notre rapport

32) How much protection you get from one shot of the Pfizer, AstraZeneca, and Moderna vaccines, according to the best available data. Business Insider https://www.businessinsider.com/covid-vaccine-one-shot-effectiveness-pfizer-moderna-astrazeneca-vaccines-dose-2021-3

à la science, à la vérité, et à la responsabilité dans la communication scientifique.

La pandémie de COVID-19 a mis en lumière à la fois les forces et les failles de notre capacité collective à répondre à une crise mondiale. Les vaccins à ARNm, souvent présentés comme une avancée technologique majeure, soulèvent des questions cruciales sur la manière dont la science est produite, communiquée et utilisée dans des contextes d'urgence. Leur développement rapide, bien que salué par une grande partie de la communauté scientifique et médiatique, a également mis en évidence des zones d'ombre : des évaluations incomplètes, des choix terminologiques discutables, et une gestion de l'information parfois biaisée, qui ont contribué à façonner un récit simpliste et parfois trompeur.

Cette révolution scientifique, présentée comme une solution universelle, a également mis en évidence une dérive vers un scientisme, où la foi en la science s'est parfois substituée à une réflexion critique. Peut-on encore parler de vérité scientifique lorsque les incertitudes sont effacées au profit d'une adhésion aveugle ? Et comment réconcilier un public de plus en plus divisé entre méfiance et confiance absolue envers les institutions scientifiques ?

Il est impératif de tirer les leçons de cette expérience. Cela implique de réintroduire l'incertitude dans le discours scientifique, de renforcer la transparence des processus d'évaluation, et de promouvoir un débat public éclairé, loin des simplifications binaires. La science ne peut prospérer que dans un climat de questionnement, où le doute est non seulement permis, mais encouragé.

En regardant vers l'avenir, les vaccins à ARNm ouvrent des perspectives prometteuses dans de nombreux domaines, notamment les thérapies personnalisées et les traitements contre le cancer. Mais pour que ces technologies gagnent la confiance qu'elles méritent, elles devront être accompagnées d'un cadre éthique, scientifique et réglementaire robuste, qui replace l'humain au centre de la réflexion.

Car si la science vacille, c'est souvent en raison de son incapacité ou de son refus de poser les bonnes questions, ou de reconsidérer des principes établis, parfois par dogmatisme ou par excès de certitude. Durant cette crise, l'urgence a poussé à des choix précipités, simplifiant une réalité scientifique pourtant complexe. Cette simplification a conduit à présenter les vaccins à ARNm comme des solutions universelles, parfois sous l'influence des compagnies pharmaceutiques, sans toujours reconnaître pleinement leurs limites et leurs failles.

Avec des millions de personnes vaccinées, la gestion des effets secondaires reste un défi, d'autant qu'aucune étude approfondie n'a été menée avant leur déploiement massif. Les Non-Specific Effects (NSE) suscitent désormais l'attention des scientifiques. Ces NSE pourraient aller au-delà des risques immédiats connus. Plusieurs études ont d'ailleurs mis en évidence que les vaccins à ARNm peuvent modifier le système immunitaire à la fois positivement et négativement, mais les effets à long terme de ces modifications restent inconnus sans études approfondies sur l'homme.[33] [34]

Comment expliquer qu'aucune étude de longue durée, incluant des groupes placebos, n'ait été mise en place pour suivre ces NSE et les effets secondaires ? Ces lacunes fragilisent la confiance dans cette

---

33) Pre-exposure to mRNA-LNP inhibits adaptive immune responses and alters innate immune fitness in an inheritable fashion Published: September 2, 2022
https://doi.org/10.1371/journal.ppat.1010830
34) The impact of BNT162b2 mRNA vaccine on adaptive and innate immune responses
DOI: 10.1016/j.clim.2023.109762

technologie, d'autant plus que le cadre réglementaire peine à se structurer pour encadrer les vaccins à ARNm à venir.

Depuis le début de cette exploration autour de la science et de la pandémie, une question sous-jacente s'impose : celle de l'éthique, que nous développerons dans le chapitre suivant.

L’éthique

On est en droit de se demander pourquoi l’éthique n’est pas intervenue plus souvent dans la gestion de la pandémie. Elle avait toutes les raisons de donner son avis au vu de ce qui vient d’être écrit jusqu’à présent. Plus largement, les éthiciens auraient dû s’impliquer davantage dans la pandémie de la COVID et être convoqués par les instances politiques régulièrement.

Qu’est-ce que l’éthique : *science qui traite des principes régulateurs de l’action et de la conduite morale*

Donc l’éthique serait synonyme de morale

Morale : *Qui concerne les règles ou principes de conduite, la recherche d’un bien idéal, individuel ou collectif, dans une société donnée. (définition contemporaine)*

Cependant, de nos jours, certains tendent à distinguer l’éthique de la morale, comme la Commission de l’éthique en science et en technologie du Québec[1]. Pour eux, l’éthique revêt une autre définition.

> « L’éthique, quant à elle, n’est pas un ensemble de valeurs ni de principes en particulier. Il s’agit d’une réflexion argumentée en vue du bien-agir. Elle propose de s’interroger sur les valeurs morales et

1) https://www.ethique.gouv.qc.ca/fr/ethique/qu-est-ce-que-l-ethique/quelle-est-la-difference-entre-ethique-et-morale/

les principes moraux qui devraient orienter nos actions, dans différentes situations, dans le but d'agir conformément à ceux-ci. »

Pour Gregory Bénichou, docteur en philosophie et docteur en pharmacie, auteur d'un livre marquant, *le Chiffre de la vie* est très critique sur cette distinction entre morale et éthique. *Tous [médecins, banquiers, industries, magistrats, sportifs, ministres...] veulent de l'éthique, mais personne ne veut de la morale*[2]. De nos jours, invoquer la morale serait mal perçu tandis que l'éthique serait saluée alors que les deux ont le même sens. La raison est sans doute parce que la morale repose sur des interdits et que *l'éthique paraît plus accommodante*

« Jamais, elle [éthique] ne parvient à se fixer fermement sur un nombre restreint de principes ou de valeurs. Maîtresse séduisante, mais infidèle, l'éthique repose sur l'habilité contradictoire des hommes à poursuivre leurs intérêts propres. »[2]

L'éthique n'est-elle pas la caution morale de la science ? En effet, les rapports français et québécois sur les enjeux éthiques durant la pandémie COVID-19 n'abordent pas la problématique de la même manière. La France s'est attardée sur la vaccination et le Québec a abordé la pandémie de manière générale. Par contre, le Comité d'éthique de santé publique (CESP) et la Commission de l'éthique en science et en technologie (CEST) du Québec abordent un point important dans leur rapport, le principe de précaution.

« Le contexte d'incertitude scientifique entourant la pandémie ajoute à la difficulté de justifier les décisions prises par les autorités, lesquelles ne peuvent pas toujours s'appuyer sur des données probantes. Dans un tel contexte, le recours au principe de précaution se présente comme l'une des clés de l'examen éthique. Selon ce principe, lorsque

---

2) Le chiffre de la vie. Grégory Bénichou. Éditions Seuil

> des situations ou des actions comportent une probabilité significative de risques importants ou irréversibles pour la santé des gens, il y a lieu de déployer des mesures préventives, même si d'importantes zones d'incertitude scientifique subsistent quant à l'occurrence et la sévérité des risques en question. Autrement dit, l'incertitude scientifique ne doit pas empêcher l'action ni la précipiter. »[3]

Comme je le mentionnais précédemment, cela revient à donner un blanc-seing à la science. On sait que les décisions prises pourraient avoir des risques importants qui exigeraient un principe de précaution, mais, pour le bien de la population, il faut quand même les envisager sans pour autant les précipiter pour que la population l'accepte plus facilement. Malgré les incertitudes et les risques que pouvait engendrer le vaccin, on a vacciné l'entière population au lieu de s'en tenir au plus fragile. On peut se demander si cette décision est morale. N'a-t-on pas cherché à jouer la carte de la sécurité pour des intérêts non pas éthiques, mais plutôt économiques ? Comment expliquer que les scientifiques qui conseillent les gouvernements n'ont pas fait preuve de prudence ? N'a-t-on pas dit de ne pas précipiter toute action ? En vaccinant une partie de la population et en appliquant des mesures de prévention adéquates, il aurait été possible d'éviter une vaccination massive. D'autant plus que l'on sait que l'estimation des décès de la COVID-19 a fait l'objet de débats quant à sa précision. Connaîtra-t-on un jour les chiffres réels de la COVID-19, étant donné les interrogations sur la manière dont ils ont été comptabilisés et traités ? Si les hospitalisations avaient été réparties sur la durée, on aurait observé une moindre pression hospitalière. Cette pression est en corrélation directe avec une prévention inadéquate et des mesures pas toujours adaptées à la crise et à la réalité scientifiques. Si la santé publique avait suivi les recommandations des rapports passés, et qu'elle était au fait de l'évolution de la science, elle aurait eu un plan efficace pour protéger les

---

3) https://www.inspq.qc.ca/sites/default/files/publications/3031-enjeux-ethiques-pandemie-precaution-deconfinement-covid19.pdf

centres d'hébergement des personnes âgées et préparer la population aux conséquences de la pandémie. Cela aurait permis d'éviter de nombreux morts. C'est un échec sur toute la ligne.

Quant au rapport français demandé, par le ministre de la Santé en 2020, au comité consultatif national d'éthique (CCNE) pour définir un cadre éthique sur la vaccination, il met en garde contre les craintes de la population vis-à-vis du vaccin.

> « Le contexte pandémique a donc créé une situation d'urgence qui a déterminé une réactivité exceptionnelle pour parvenir au développement et, on l'espère, à la production de masse des vaccins, ainsi qu'une accélération des procédures d'autorisation internationales. Mais cette réactivité peut nourrir les doutes d'une partie de la population sur la rigueur des procédures et la sécurité des vaccins. »[4]

Le comité d'éthique, au lieu de se soucier de la qualité des preuves attestant de la sécurité des vaccins, a préféré mettre davantage l'accent sur les doutes de la population. Quelle a été la réaction des autorités ? À la place d'avoir un discours qui met en perspective ce qui est connu et ignoré, ils ont fait preuve d'autoritarisme et de dogmatisme. Il fallait se soumettre ou se taire. Ce déni du droit à douter et à se questionner montre la faillite des élites intellectuelles, mais aussi du monde médical pétri dans leur certitude. Ceci n'est pas seulement vrai en France, mais partout en occident.

Le comité se reprend :

> « Par ailleurs, l'acceptation, de se faire vacciner, suppose que le risque encouru pour la santé soit connu et négligeable, mais elle implique aussi une transparence rigoureuse de l'information, tant sur

4) https://www.ccne-ethique.fr/sites/default/files/2021-07/Saisine%20Vaccins.pdf

> l'épidémie et le risque vaccinal, que sur la contribution de la vaccination à la résolution de l'épidémie. »

Le risque encouru est-il suffisamment connu et négligeable pour accepter de se faire vacciner? Évidemment que non, puisque ce vaccin n'avait jamais fait ses preuves auparavant dans la composition dans laquelle il a été administré. Comme le montrent les nombreuses références citées dans le chapitre concernant le vaccin ARN, un certain nombre de questions reste sans réponse ou n'a pas été étudié. L'examen d'un tel produit nécessite un temps long pour évaluer les risques à apprendre à les connaître. À elle seule, la nanoparticule lipidique nécessite des études complexes. Si on se fie à la législation européenne des vaccins, elle aurait dû subir davantage d'analyse, car elle pourrait se comporter comme un adjuvant. Tout nouvel adjuvant exige des études plus approfondies. Quant à la transparence rigoureuse, elle a été soigneusement rangée dans un tiroir. Ne nous a-t-on pas dit que le vaccin était le plus sur au monde avec le moins d'effets secondaires? Comment il se fait que la responsabilité des médecins et des scientifiques, qui ont émis cette affirmation, n'était-elle pas engagée? Cette question est d'autant plus importante qu'il n'y a pas eu de sanctions. Cela signifie que, demain, ils pourraient récidiver sans aucun scrupule et mettre une fois encore à mal la confiance dans la science et le monde médical.

> « Cette information, qui ne doit pas prendre la forme d'une incitation morale, est seule susceptible de ne pas entretenir la méfiance, même si celle-ci relève aussi d'autres considérations plus sociétales, non liées à la vaccination, dans un contexte général de défiance vis-à-vis de la puissance publique. Enfin, l'exigence de solidarité que revêt toute politique vaccinale pourrait aussi être considérée comme une limitation de la liberté individuelle, notamment si une obligation vaccinale était instaurée, ce qui n'est pas le cas actuellement. »

Et le comité d'éthique, d'enfoncer le clou :

> « Si la Déclaration universelle des droits de l'homme reconnaît un droit universel à l'information, il est plus spécifiquement du devoir des scientifiques, des laboratoires, des industriels et des autorités d'expliquer leurs actes, les résultats qu'ils ont obtenus, et comment ils ont été ainsi conduits à prendre leurs décisions. »

Partout, les autorités de santé ont eu un discours séduisant envers les vaccins. Jamais on n'a informé la population des dangers potentiels d'autant plus pour les individus sans risque de développer une forme sévère de la maladie. On a dramatisé volontairement la situation en transformant des particularités en généralité concernant les conséquences d'une contamination par la COVID. On a joué sur la peur en prétendant que l'on porterait notre vie durant les stigmates de la COVD sans préciser qu'il pourrait être autant avec le vaccin.

Le conseil d'éthique soulève une autre question importante :

> « Ainsi, sera-t-il légitime de proposer la vaccination à un individu jeune, sain, chez lequel le virus n'entraînera qu'une maladie bénigne, voire aucune symptomatologie, mais qui pourra être acteur dans la transmission virale et, indirectement, subir les conséquences sociales, économiques et culturelles de l'épidémie. L'acceptation de réaliser un acte dont le bénéfice personnel n'est pas démontré dépend de la manière dont on comprend les conséquences de cet acte, non seulement pour soi, mais aussi pour les autres. »

Durant la pandémie, on n'a cessé de rappeler au bien portant que l'on ne se vaccine pas pour soi, mais pour les autres. Ce fait est hautement contestable d'autant plus dans un cadre où la sécurité du vaccin et les conséquences de la vaccination sont jalonnées d'interrogations et de questions qui ne trouvent pas de réponses. En quoi se vacciner protège-t-il les autres, puisque le vaccin n'empêche pas la transmission ni la contagion ? Certains ont affirmé que la charge virale des vaccinés serait moindre, ce qui conférait un avantage. Cependant, ce n'est pas pour autant que le virus ne va pas se répandre. Omicron a été le meilleur exemple de cette réalité.

Le document aborde aussi la question des personnes âgées, souvent négligée, mais qui devient un enjeu de société quand elles affectent les politiques sociétales ou de santé publique. Leur droit à la parole est souvent négligé ou déconsidéré, comme si, avec l'âge on leur retirait leur liberté de penser et d'agir et qu'elles tombaient sous la tutelle de nos gouvernements.

> « Pour les personnes âgées, même — et surtout — si l'objectif est de les protéger, il convient de s'interroger sur la part de liberté qui leur est laissée dans l'exercice de leur autonomie, dans la décision à prendre face à l'incertitude et aux risques qui y sont liés. Cela peut se traduire par leur droit à refuser à se faire vacciner. Plus généralement, la décision finale se construit par le dialogue entre la personne âgée, le médecin et les soignants. La vigilance doit être particulièrement grande à l'égard des personnes qui ne sont pas en mesure de s'exprimer : dans ce cas, le choix devrait être opéré au terme d'un processus délibératif à partir de l'avis exprimé par la personne de confiance, ou en l'absence de personnes de confiance, par la famille. Dans le cas où la personne âgée bénéficierait d'une mesure de protection juridique (tutelle à la personne, habilitation familiale judiciaire, mandat de protection future), si elle n'a pas désigné de personne de confiance, le consentement est donné par son représentant légal. Dans tous les cas, et même dans le régime de protection le plus fort, il faut veiller à faire primer la volonté de la personne, dans la mesure où son état le permet, et ne pas sous-estimer la pression que des tiers pourraient faire peser sur des personnes vulnérables. »

« Puis un temps de réflexion personnelle, qui va permettre de mettre à distance l'émotion, les éventuelles pressions des uns et des autres, explorer les différentes options, et finalement donner un sens à son choix. C'est au prix de ce travail de maturation que l'on peut construire son propre choix. »

Dans une société où les personnes âgées sont considérées comme une charge et où leur dignité est mise à mal, lorsqu'elles vivent dans des institutions, la nécessité que leur choix soit entendu est primordiale. Pour avoir accompagné de nombreuses personnes âgées, j'ai été plusieurs fois témoin de manipulation, sous des airs de bienveillance, exercée par les autorités de santé, pour être consciente que les personnes âgées ont dû subir des pressions afin d'être vaccinées. Beaucoup souhaitaient que ce groupe soit soumis à l'obligation vaccinale. Une fois encore, c'est céder à la facilité et priver des personnes de leur liberté de choisir. La prévention doit demeurer la priorité absolue, même si elles sont vaccinées, ce qui a été trop souvent négligé. Dans bien des institutions publiques et privées, on considère ces personnes davantage comme des objets à gérer que comme des êtres humains. On leur dénie leur humanité, ce qui est scandaleux. Même si leur risque est plus accru, leur liberté de choix et le droit à la réflexion doivent être reconnus et respectés, ce qui est rarement le cas. Les personnes âgées sont souvent mises devant le fait accompli. Prétendre que nos sociétés prennent soin de nos personnes âgées est un doux euphémisme. L'intérêt pour leur bien-être est davantage lié aux comptes publics qu'à une véritable prise en charge de leur confort physique et psychologique.

Ces questions éthiques conduisent inévitablement à s'interroger sur la campagne de dénigrement des non-vaccinés jusqu'à leur priver d'une part de leur liberté avec la création du passe vaccinal. Pire encore, un certain nombre de personnels médicaux ont jugé qu'ils ne méritaient pas d'être soignés. Était-ce justifié ? Aux dires de ce qui vient d'être énoncé, la réponse est négative. La vaccination, dans les circonstances de la covid, reste un choix individuel et personnel. Dans le journal Swissinfo, des éthiciens de la société suisse d'éthique biomédicale (SSEB) mettent en lumière cette problématique.

> « Les individus ont le droit de consentir ou de refuser la vaccination après en avoir pesé le pour et le contre. Le corps médical n'a pas à juger de la «responsabilité personnelle supposée ou réelle» d'un non-vacciné qui contracterait la maladie. D'un point de vue éthique, il a le droit d'être pris en charge médicalement. »[5]

Cette fracture au sein de la société risque de laisser des traces pour longtemps. Les gouvernements portent une responsabilité importante, alors même qu'ils sont censés maintenir la cohésion sociale. La presse n'a pas joué le rôle qui est le sien. Elle a collaboré à acculer les non-vaccinés au pied du mur. Son attitude a nourri le complotisme, a accentué la détestation que certains avaient déjà pour elle et a éloigné ceux qui croyaient encore en sa vertu. Aujourd'hui, cette presse s'étonne du rejet auquel elle fait face. Son aveuglement est à la hauteur de la crise qu'elle vit.

Les scientifiques ne sont pas en reste. On peut se demander jusqu'à quel point la science a tenu compte de l'éthique. Les scientifiques ont refusé les débats et affiché ouvertement leurs dissensions, fustigeant leurs collègues ou ceux qui ne partageaient pas leur opinion. Tout ce qui constitue la science a été mis à mal, à commencer par le doute. Leur conseil auprès des politiques a souvent été basé sur des études fragiles ou insuffisamment conclusives, qu'ils ont imposées comme des vérités. La science a été laissée à elle-même. Elle est devenue la maîtresse du jeu, même si les politiques ont parfois détourné ou orienté ses conseils selon des

---

5) https://www.swissinfo.ch/fre/des-%C3%A9thiciens-appellent-%C3%A0-ne-pas-juger-les-personnes-non-vaccin%C3%A9es/47210978

intérêts socio-économiques plutôt que celui du bien-être individuel.
L'absence d'éthiciens dans le débat est marquante. Ils auraient dû jouer un rôle prépondérant pour interroger la science et les politiques sur les décisions prises, et les recadrer si nécessaire. Doit-on être étonné du silence des éthiciens alors que la plupart d'entre eux sont des scientifiques ? Voilà ce qu'écrivait Grégory Bénichou dans Le Chiffre de la vie :

> « La compétence éthique est devenue essentiellement « biocratique ». Le pouvoir moral semble désormais réservé à des comités d'experts qui comptent dans leurs rangs une écrasante majorité de médecins, de généticiens et de biologistes. Cette représentativité disproportionnée s'explique par un présupposé tacite : si les scientifiques sont appelés « savants », ils savent ce qui est bon ou mauvais pour l'humanité. Cette incestueuse union entre la science et la morale jette un soupçon sur l'expertise éthique. Les trois quarts CCNE (Comité consultatif national d'éthique, France) appartiennent au monde scientifique ou médical : quelle distance critique peuvent-il avoir concernant les objections morales qui impliquent plus ou moins directement leurs activités. Les spécialistes ne peuvent pas être juges et parties. »

Dans le cas du vaccin, il ne s'agit pas de morale, même si l'on est en droit de se demander s'il est éthique d'obliger de manière déguisée (passeport vaccinal, passeport sanitaire) le public à se vacciner avec un produit sur lequel il persiste beaucoup d'inconnus. Le monde de la science a imposé son point de vue en niant le droit au débat, au nom du savoir qu'il détient. Grégory Bénichou dit :

> « Aujourd'hui, la science est perçue comme le parangon du progrès et le progrès comme l'achèvement de la vertu. Une formule résume bien cette idée : « Tout ce qui est scientifique est éthique », proclame Jean Bernard, président honoraire du Conseil National d'Éthique. Cette foi aveugle dans la science a déjà coûté très cher à l'humanité.

[…] Il n'y a pas une bonne ou une mauvaise science. Il y a la science et nul ne doit présumer si elle est fiable a priori. La scientificité n'apporte aucune garantie contre la barbarie. Certaines voix clament doctement que ce ne sont pas les recherches qui menacent l'humanité, mais les applications qui en découlent. Ceci est totalement faux : aucune n'est éthiquement neutre ! La science engage des hommes, c'est-à-dire des consciences sur lesquelles reposent des responsabilités. »

Que nous dit le juridique sur l'éthique et la responsabilité de la science ?

Voilà ce qu'écrit Philippe Ségur, Professeur de droit public à l'Université de Perpignan dans la revue des droits et libertés fondamentaux.[6]

« Si l'idée de neutralité scientifique est un leurre, le seul usage du terme « éthique » dans les textes juridiques ne suffit pas à en garantir l'innocuité. Même lorsque les recherches sont strictement encadrées par le droit, le principe du libre consentement paraît souvent fragile dans le rapport asymétrique qui lie l'autorité médicale au sujet. On voit mal, du reste, comment le consentement pourrait être tout à fait « éclairé » en présence d'un risque inconnu et d'une technique vaccinale complexe. Comme le rappelait Yannick Bardie en 2016, un essai clinique est par nature « un exercice très dangereux et non éthique ». Compte tenu des nombreuses incertitudes qui pèseront jusqu'à la fin des essais sur les vaccins anti-covid (NDLR Janvier 2023), s'il est légitime de laisser aux volontaires, en particulier aux personnes vulnérables, la possibilité de les recevoir en toute connaissance de cause, il paraîtrait contraire au droit en vigueur et aux principes qui

---

6)http://www.revuedlf.com/droit-administratif/sur-la-liceite-dune-obligation-vaccinale-anti-covid/

fondent notre système libéral, de vouloir les imposer à tous les citoyens. »

On voit une fois encore comment les politiques ont poussé la démocratie dans ses retranchements. Cette situation a mis en lumière que nos libertés peuvent être mises en danger lorsque les politiques supportés par les scientifiques décrètent que seuls eux peuvent décider de ce qui est bien ou mal pour la population.

À l'heure actuelle, rien ne permet d'écarter les effets à long terme de cette crise : qu'ils soient psychologiques, liés à la COVID ou à la vaccination ARN-NPL. Déjà, un certain nombre devront vivre avec les effets secondaires de la vaccination et le choix qu'ils ont pris parfois à l'encontre de leur volonté motivée par la peur ou le risque de perdre leur liberté. Ce sont les oubliés de la pandémie. D'un point vue moral, je ne pouvais pas faire abstraction des effets secondaires, même si la logique de cet essai ne me conduisait pas à en parler.

La COVID-19 : Une erreur de classification aux conséquences majeures

Au début de la pandémie de COVID-19, une erreur fondamentale de classification médicale a conduit à l'application de protocoles de traitement potentiellement inadaptés, révélant des failles structurelles profondes dans notre système de santé moderne. Cette situation, mise en lumière par le Dr. Cameron Kyle-Sidell, médecin urgentiste et spécialiste en soins intensifs à Brooklyn, soulève des questions cruciales sur la rigidité des protocoles médicaux et l'autonomie clinique des médecins face à une maladie nouvelle.(Medscape, Do COVID-19 Vent Protocols Need a Second Look?)

Dès l'apparition des premiers cas, la COVID-19 fut classifiée comme un Syndrome de Détresse Respiratoire Aiguë (SDRA) sur la base d'une présentation clinique superficiellement similaire : difficultés respiratoires, opacités pulmonaires bilatérales et hypoxémie. Cette catégorisation rapide illustre un biais cognitif courant en médecine : la tendance à faire rentrer de nouvelles pathologies dans des cadres existants, même lorsque l'ajustement n'est pas parfait.

Les médecins de première ligne ont rapidement constaté des anomalies inquiétantes par rapport au SDRA classique. Les patients présentaient des caractéristiques inhabituelles :

- Capacité à parler normalement malgré des niveaux d'oxygène extrêmement bas.

-Chutes brutales de saturation lors des intubations sans les réponses cardiaques attendues.
- Maintien d'une bonne compliance pulmonaire, en contradiction avec le SDRA traditionnel

Les travaux du Dr. Gattinoni et son équipe en Italie ont été les premiers à formaliser ces observations divergentes. Leurs recherches ont identifié deux phénotypes distincts de la maladie, remettant en question l'approche uniforme du traitement basée sur le SDRA. Ces découvertes suggéraient la nécessité d'adapter le traitement selon les caractéristiques spécifiques de chaque patient, particulièrement en fonction de la compliance pulmonaire.(COVID-19 Does Not Lead to a « Typical » Acute Respiratory Distress Syndrome (doi.org/10.1164/rccm.202003-0817LE)

La standardisation des protocoles hospitaliers, conçue pour assurer la qualité des soins, s'est révélée être un obstacle majeur à l'adaptation des traitements. Les médecins se sont retrouvés contraints d'appliquer des protocoles qu'ils jugeaient inadaptés, créant une tension éthique significative. Comme l'illustre l'expérience du Dr. Kyle-Sidell, certains praticiens ont dû choisir entre suivre des protocoles qu'ils considéraient inappropriés ou démissionner de leur poste.

Plusieurs facteurs structurels ont entravé l'adaptation rapide des protocoles :

- Une hiérarchisation rigide des décisions médicales
- La primauté des protocoles institutionnels sur l'expertise clinique de terrain
- La gestion du risque juridique privilégiant les procédures établies

- La difficulté de modifier des pratiques en pleine crise sanitaire

Cependant, ce qui vient d'être expliqué soulève une question difficile que je me dois de poser et dont je n'ai pas la réponse : est-ce que des patients ont souffert ou sont même morts de ces traitements inadaptés ? Et combien ? Ce qui est vrai pour New York l'est sans doute partout à travers le monde. Aurait-on pu minimiser le nombre de morts dans les hôpitaux si l'on avait appliqué les traitements adéquats ? Depuis 2020, les choses ont-elles réellement changé ?

Cette expérience révèle une tension fondamentale dans la médecine moderne entre le besoin de standardisation pour garantir la qualité des soins, la nécessité d'adaptation rapide face aux nouvelles pathologie et l'importance de l'autonomie clinique des médecins de première ligne.

L'expérience de la COVID-19 met en lumière un paradoxe fondamental : un système conçu pour garantir la qualité des soins peut, dans certaines circonstances, devenir un obstacle à l'amélioration des traitements. Cette situation appelle à une réflexion profonde sur nos structures médicales et la façon dont elles peuvent être adaptées pour mieux répondre aux défis de maladies émergentes, tout en maintenant des standards de soins élevés.

La COVID-19 a montré toutes les failles du système de santé et soulève des questions éthiques majeures. Une enquête publique est nécessaire pour comprendre ce qui a fonctionné, ce qui a échoué, et pour préparer l'avenir. La grande question demeure : les soins sont-ils aujourd'hui mieux adaptés aux besoins des patients atteints de COVID-19 ?

Les effets secondaires

Cachez ces effets secondaires, que nous ne voudrions pas voir. Tout a été entrepris pour éviter d'en parler, et les médias ont joué le jeu. Seuls les effets les plus marqués ont été soulignés, mais en les minimisant ou en les relativisant. Ainsi, on a ignoré tous ceux qui ont subi dans leur chair les effets graves des vaccins. Certes, ces proportions restent faibles, mais elles sont significativement plus élevées que celles des vaccins précédents. Un article dans Nature (lien) illustre bien cette ambiguïté :

> « Les responsables de la santé publique doivent trouver un « équilibre délicat » lorsqu'ils communiquent sur le risque d'effets secondaires rares parallèlement aux dangers d'un COVID-19 grave, déclare la vaccinologue Kathryn Edwards de la Vanderbilt University School of Medicine à Nashville, Tennessee. Les médecins craignent d'alimenter les mouvements anti-vaccins qui déjà augmentent la réticence à la vaccination dans certaines communautés. Dans le même temps, il est important de ne pas écarter le potentiel d'effets secondaires rares, mais graves jusqu'à ce que les chercheurs puissent établir la causalité, un processus qui peut prendre des années. »[1]

Lorsqu'on décide de ne pas parler d'un sujet ou de le minimiser, cela éveille des soupçons avec les conséquences que l'on connaît : d'une part, la montée du complotisme, et d'autre part, la déconsi-

---

1) Why is it so hard to investigate the rare side effects of COVID vaccines? Ariana Remmel. Nature 1 april 2021

dération de ceux qui subissent ces effets. Les médecins, mal informés, restent désorientés face aux risques des vaccins pour leurs patients. C'est un véritable enjeu de société. Au vu du nombre important de personnes vaccinées, les hommes et les femmes souffrant d'effets indésirables plus ou moins graves sont plus nombreux qu'on le pense.

Les bases de données de pharmacovigilance recensent les signalements des effets secondaires. Pour autant, cela ne démontre pas une relation de cause à effet, mais cela ne signifie pas non plus que les vaccins ne soient pas impliqués. Obtenir des confirmations peut prendre des années. C'est pourquoi les études sur un nouveau produit sont souvent longues avant son homologation. Les rapports anglais et français de pharmacovigilance permettent d'établir des concordances, sans pour autant pouvoir affirmer l'existence de relations causales. En examinant leurs résultats de près, on distingue des effets secondaires récurrents : problèmes cardiovasculaires, notamment les palpitations, désordres sanguins, troubles auditifs (acouphènes et vertiges), douleurs oculaires ou vision trouble, troubles gastro-intestinaux (diarrhées, nausées, vomissements), fatigue et frissons, douleurs articulaires, migraines, tremblements, troubles menstruels, difficultés respiratoires et démangeaisons. Un effet particulier, peu médiatisé, mais documenté, est l'appendicite chez les 18-64 ans.[2]

Bien entendu, ceci reste des observations et un important travail de pharmacovigilance est encore nécessaire pour en tirer des conclusions. Les lectures montrent que les troubles neurologiques, au-delà des migraines, sont les plus fréquents. Les études de phase 3, notamment pour le vaccin Moderna, l'avaient déjà constaté. La pharmacovigilance française estimait que ces troubles représentaient plus de 14 % des

---

2) Mitchell J, Yue QY. Appendicitis as a possible safety signal for the COVID-19 vaccines. Vaccine X. 2021 Dec;9:100122. doi: 10.1016/j.jvacx.2021.100122. Epub 2021 Nov 3. PMID: 34746743; PMCID: PMC8565092.

effets signalés en 2022. Ces observations diffèrent des effets secondaires observés avec des vaccins traditionnels, même s'il existe des similitudes.Personne ne peut prétendre que d'autres effets plus pernicieux ne se développeront pas à long terme, surtout en raison d'éventuels phénomènes inflammatoires ou d'autres mécanismes évoqués précédemment. Beaucoup ont cru, à tort, que l'absence d'effets secondaires immédiats garantissait leur inexistence future. Or, les effets liés à une mauvaise distribution du vaccin pourraient se manifester à long terme.

Un suivi sur plusieurs années, comparant un groupe de vaccinés et un groupe témoin, aurait permis d'enrichir nos connaissances sur les risques et les bénéfices à long terme. Cinq ans après le début de la pandémie, de tels résultats auraient été inestimables. Pourtant, rien de cela n'a été réalisé. Pfizer-BioNTech devait initialement mener une étude sur six mois. Cependant, pour des raisons éthiques, le groupe placebo a été partiellement vacciné au bout de 3 à 4 mois, compromettant toute la validité de l'étude.

Peut-on imaginer qu'à ce jour, aucune étude robuste ne compare systématiquement les vaccinés et les non-vaccinés pour évaluer les effets secondaires, l'efficacité vaccinale à long terme, ou encore les risques associés aux infections multiples ? Peut-on vraiment parler de science, alors que l'ARNm est une technologie nouvelle, encore dépourvue de suivi approfondi sur le long terme ?

Bien évidemment, je ne suis pas le seul à mettre en exergue les effets secondaires, mais peu osent s'exprimer publiquement. Un article paru dans Science conforte mes inquiétudes. Il s'intitule : *Dans de rares cas, les vaccins donnent des symptômes s'apparentant à la COVID longue.*[3]

---

3) In rare cases, coronavirus vaccines may cause Long Covid–like symptoms Jennifer Couzin-Frankel, Gretchen Vogel. Science 20 janvier 2022

L'histoire commence par le cas d'une femme très active qui, après la vaccination, développe une forme sévère d'anxiété. Son mari, chimiste, mène une enquête et découvre qu'elle n'est pas la seule à souffrir de tels symptômes. Ce phénomène a été observé avec différents vaccins contre la COVID. Informé de ces cas, le NIH (National Institutes of Health) s'est penché sur le sujet pour conclure qu'il ne peut établir de corrélation entre ces symptômes et les vaccins. Cependant, selon les patients concernés, le NIH est la seule autorité médicale ayant cherché à les aider.

Depuis, plusieurs scientifiques étudient ces symptômes et leur possible lien avec la COVID longue. Les symptômes comprennent la fatigue, des maux de tête sévères, des douleurs nerveuses, des fluctuations de la pression artérielle et des troubles de la mémoire à court terme. Certains chercheurs estiment que ces cas sont extrêmement rares. Paradoxalement, d'autres recherches suggèrent que la vaccination pourrait protéger contre la COVID longue, soulignant ainsi la complexité du sujet.

William Murphy, immunologiste à l'Université de Californie à Davis disait : *Nous ne devrions pas rejeter les événements indésirables*. En novembre 2021 dans The New England Journal of Medicine, il proposait qu'un mécanisme auto-immune déclenché par la protéine de pointe du SRAS-CoV-2 puisse expliquer à la fois les symptômes de la Covid longue et certains effets secondaires rares du vaccin, et il a appelé à davantage de recherches fondamentales pour sonder les connexions possibles. *Rassurer le public sur le fait que tout est fait, sur le plan de la recherche, pour comprendre les vaccins est plus important que de simplement dire que tout est sûr*.

Une fois encore, à la suite de cette déclaration, il est précisé que le professeur exhorte les gens à se vacciner, comme si, chaque fois que l'on met en cause le vaccin, il était nécessaire de préciser que l'on est pour la vaccination, qu'on l'encourage ou encore que l'on glorifie la découverte du vaccin. Cette façon de procéder, qui parcourt autant les études que les articles, montre l'ampleur du problème. La parole est susceptible d'être discréditée si elle va à l'encontre de la pensée dominante. Il faut donc diminuer l'impact de l'information par des propos pro-vaccination ou élogieux envers les vaccins, comme au temps du communisme où l'idéologie devait être saluée au risque de se retrouver au goulag.

Les études animales soutiennent l'idée que les anticorps ciblant la protéine de pointe du SRAS-CoV-2 — la même protéine que de nombreux vaccins utilise pour déclencher une réponse immunitaire protectrice — pourraient causer des dommages collatéraux, note Harald Prüss, neurologue au Centre des maladies neurodégénératives allemand (DZNE) et à l'hôpital universitaire de la Charité à Berlin. En 2020, alors qu'ils recherchaient des thérapies par anticorps pour le COVID-19, lui et ses collègues ont découvert que, sur 18 anticorps qu'ils ont identifiés avec des effets puissants contre le SRAS-CoV- 2, quatre ciblaient également des tissus sains chez la souris — un signe qu'ils pourraient déclencher des problèmes auto-immunes.

D'autres chercheurs explorent un autre mécanisme possible : la formation de minuscules caillots dans le sang. Lors d'une infection aiguë par le SRAS-CoV-2, ces caillots peuvent endommager les cellules tapissant les vaisseaux sanguins. Ces mêmes caillots pourraient également apparaître après la vaccination, mais ils se dissiperaient rapidement. Les chercheurs ont eux-mêmes constaté ce phénomène après leur propre vaccination.

Pfizer, Moderna, AstraZeneca et Johnson & Johnson ont tous déclaré qu'ils prenaient les effets secondaires au sérieux et partageaient leurs rapports avec les régulateurs. De même, la FDA et l'EMA affirment surveiller activement la situation. Mais une déclaration d'un chercheur met en lumière une autre réalité troublante :

> « Tout le monde marche sur la pointe des pieds », dit Pretorius. « J'ai parlé à de nombreux cliniciens et chercheurs dans diverses universités, et ils ne veulent pas y toucher. »

C'est un véritable scandale. Par crainte de découvrir des vérités dérangeantes sur ces vaccins, on préfère les ignorer. Jusqu'à quand ce déni peut-il durer ? Comment pourra-t-on encore faire confiance à la science après une telle gestion de la pandémie ? Moi-même, je suis ébranlé par ces découvertes. Heureusement, certains chercheurs persévèrent. Ce sont eux qui me redonnent foi dans la science.

Beaucoup n'auront sans doute jamais une réponse à ce qui s'est produit à la suite de la vaccination et devront vivre avec un handicap dont ils ignorent parfois la raison ou même la nature. C'est d'autant plus douloureux que la médecine reste réticente à considérer leurs problèmes, surtout s'il est difficile d'en trouver la cause ou d'en connaître l'origine. Le vaccin n'est peut-être pas toujours directement coupable, mais il peut être le déclencheur d'une maladie ou d'un trouble neurologique qui ne se serait pas manifesté autrement.

Un point important, rarement évoqué, mérite d'être rappelé : ce qui se produit après la première dose. Dans les études de phase 2, il a été observé que, durant les six premiers jours suivant l'injection, le taux de lymphocytes (globules blancs) des personnes vaccinées subissait une diminution temporaire par rapport au groupe placebo.[4]

Ce phénomène a été précisément décrit dans les résultats officiels des études cliniques :

> « Les changements hématologiques les plus fréquemment observés étaient des diminutions transitoires de lymphocytes 1 à 3 jours après

---

4) https://www.fda.gov/media/144246/download

la dose 1. Ces diminutions retournent à la normale dans les 6 à 8 jours suivant la première dose. La plupart des baisses du nombre de lymphocytes étaient de grade 1 ou 2. Les vaccins à ARN sont connus pour induire l'interféron de type I, 22 et les interférons de type I régulent la recirculation des lymphocytes et sont associés à une migration transitoire et/ou la redistribution des lymphocytes. Ce rebond rapide des lymphocytes confirme que là les lymphocytes n'étaient pas épuisés, mais migraient temporairement hors du sang périphérique, et réintégré par la suite dans la circulation sanguine au moment de la prochaine évaluation. »

Il est probable qu'au cours de cette période, les individus soient plus vulnérables aux virus et bactéries présents dans leur environnement, ainsi qu'aux virus dormants dont ils sont porteurs. Cela pourrait expliquer certains effets secondaires observés après la première dose, sans qu'ils soient forcément directement liés au vaccin lui-même. Cependant, on ignore si ce phénomène se reproduit après chaque injection, puisqu'à ma connaissance, l'étude n'aurait pas été menée sur les doses suivantes.

Le véritable drame est que beaucoup de ces personnes ont suivi les recommandations médicales alors qu'elles n'étaient pas des populations à risque de formes graves. Elles se retrouvent aujourd'hui à vivre avec un choix qu'elles ont fait sous la pression des politiques et du monde médical. Du fait qu'elles représentent une minorité, elles sont ignorées. Et pourtant, ce « faible pourcentage » représente des centaines de milliers de personnes, compte tenu des 3 milliards d'individus vaccinés.

Aujourd'hui, ces victimes sont mises de côté, tant que la pharmacovigilance n'aura pas établi de lien de causalité avec le vaccin, si elle y parvient un jour. La recherche, elle aussi, tarde à fournir des réponses. C'est pourquoi les études sur les médicaments prennent généralement des années : pour minimiser les effets secondaires graves et en comprendre les mécanismes. Quant aux décès survenus après la vaccination, comment déterminer s'ils sont liés au vaccin ou à une coïncidence malheureuse ? Une autopsie peut-elle toujours fournir une réponse ?

La question des décès aurait été évitée si, dès les études de phase 3, des observations troublantes n'avaient pas été rapportées. Par exemple, les décès dus à des causes inconnues, des arrêts cardiaques, ou même à la COVID-19 associée à une pneumonie étaient plus fréquents chez les vaccinés que dans le groupe placebo. Quant au potentiel déclenchement de maladies auto-immunes, seul le temps pourra apporter des réponses.

Une fois encore, considérer l'ARNm comme un simple vaccin a entraîné un biais idéologique et scientifique, dont les conséquences restent sous-estimées.

Conclusion

Choisir le mot juste pour désigner un objet ou un concept est essentiel : cela permet d'en mieux comprendre la nature et d'en juger avec précision. Dans des domaines comme la science ou l'industrie, où le vocabulaire influence directement les procédés ou les réglementations, cette précision est encore plus cruciale. Nous avons vu précédemment combien l'association du mot vaccin à la technologie ARNm pouvait avoir des conséquences sur la réglementation et favoriser sa commercialisation en le soustrayant à des batteries de tests complexes. La technologie ARNm-NPL n'était pas prête à être commercialisée au moment de la pandémie. Elle était encore en phase expérimentale chez l'humain après de nombreux échecs et des validations sur les animaux, qui soulèvent encore des questions. La pandémie a offert une opportunité inattendue aux compagnies pharmaceutiques pour lancer rapidement ce produit, contournant ainsi les contraintes qu'elles auraient dû respecter en temps normal.

Les enjeux financiers autour de l'ARN messager expliquent en grande partie la campagne visant à promouvoir cette technologie. Les acteurs influents de l'ARN messager ont mis en avant ses aspects technoscientifiques et innovants, tout en minimisant les nombreuses interrogations encore en suspens, qui expliquent en partie pourquoi aucun produit à base d'ARN messager n'existait en 2019. Certes, la crise de la COVID-19 exigeait une réponse rapide pour contrer le virus, d'autant que rien n'avait été mené de manière adéquate pour minimiser, autant que possible, les conséquences de sa propagation. L'absence d'un plan de prévention approprié et les contradictions de la santé publique et des scientifiques ont conduit à une désorganisation qui a amplifié l'ampleur de la pandémie. Il n'est donc pas surprenant que les acteurs de l'ARN messager aient saisi cette occasion pour promouvoir une technologie qui, jusque-là, avait eu du mal à s'imposer sur le marché des médicaments. Cependant, une fois encore, les journalistes ont fait fi de la réalité historique de l'ARN messager. Ils ont présenté Pfizer et BioNTech comme des spécialistes de cette technologie, alors même que BioNTech n'avait jamais fabriqué de vaccin avant 2020. Leur travail de recherche s'était principalement concentré sur le cancer. Ni BioNTech, ni Pfizer n'avaient produit de vaccins de ce type auparavant.

Deux explications peuvent éclairer ce choix fait par les journalistes. La première réside dans le prestige de Pfizer et sa renommée internationale, malgré de nombreux scandales auxquels la compagnie a dû faire face par le passé. La deuxième relève d'une idéologie universaliste : de nombreux médias ont mis en avant le parcours des dirigeants de BioNTech, un couple d'immigrants turcs ayant gravi les échelons sociaux pour construire leur entreprise et, selon le récit médiatique, « sauver le monde » de la pandémie.

Pourtant, les véritables spécialistes de la vaccination à ARN messager sont l'Allemand CureVac et l'Américain Moderna. CureVac, pionnier de cette technologie, s'est toujours montré discret, à l'inverse de Moderna, dont l'histoire mérite une attention particulière. Ces deux compagnies ont d'ailleurs intenté des procès contre BioNTech concernant leurs brevets respectifs. L'enjeu des brevets liés aux vaccins à ARN messager joue un rôle prépondérant, car les sommes en jeu sont colossales.

Depuis sa création en 2010, Moderna montre que la recherche du profit, plus encore que l'intérêt de la science, est au cœur de sa démarche. Pour obtenir le maximum d'investissements, elle a eu recours au storytelling, comme le disent les Français, ou, si l'on préfère, à une manière de raconter une histoire. Cette façon de procéder a été son atout majeur. Beaucoup de promesses ont été faites, bien que les résultats n'aient pas été au rendez-vous. En mai 2020, CNN écrivait un article intitulé : *En quête de vaccin, les États-Unis font un grand pari sur une entreprise possédant une technologie qui n'a pas encore fait ses preuves*. Les journalistes expliquent que Bancel, le directeur de Moderna, doté d'un don pour les relations publiques, a su mettre le président Trump et Anthony Fauci dans sa poche en garantissant un vaccin dans un délai très court. Le lendemain de cette rencontre, il obtenait l'autorisation de la FDA pour commencer les essais cliniques. Cependant, Moderna n'a jamais mis sur le marché ni obtenu l'approbation d'un seul de ses vaccins. Elle n'a également jamais amené un produit à la troisième et dernière phase d'un essai clinique.

CNN a interrogé 20 experts et anciens employés de Moderna[1]. Si certains ont exprimé leur optimisme quant au fait que Moderna puisse réussir, d'autres ont fait part de leurs inquiétudes scientifiques, notamment sur les raccourcis pris dans l'essai clinique en cours [vaccin COVID-19] et approuvé par le gouvernement fédéral. En particulier, la FDA a accepté de passer sous silence les essais sur les animaux, normalement préalables à l'injection d'un vaccin à des humains en bonne santé. (Mon enquête montre que certains confirment cette information, tandis que d'autres affirment que les études réalisées étaient très sommaires.) La culture du secret chez Moderna est reconnue et lui a valu de nombreux détracteurs. Un ancien employé nuance : les enjeux financiers restent bien plus importants que l'altruisme qu'elle tente de promouvoir. L'argent est, encore et toujours, le nerf de la guerre, bien au-delà de la science.

---

1) In quest for vaccine, US makes 'big bet' on company with unproven technology, 1 mai 2020. L'article a été mis à jour depuis mais je ne sais pas ce qui a été modifié. https://www.cnn.com/2020/05/01/us/coronavirus-moderna-vaccine-invs/index.html

Faisons un retour avant 2017[2], où Moderna tente de démontrer que la technologie ARNm va révolutionner la médecine et permettre de générer de nouvelles thérapies dans les années à venir. Mais voilà, le traitement sur lequel Moderna travaille pour soigner une maladie génétique rare n'a cessé d'être retardé. Il ne s'est jamais avéré sûr pour être testé sur des humains, selon d'anciens employés et collaborateurs de Moderna. Incapable d'aller de l'avant avec cette technologie, Moderna a dû se concentrer sur le développement de vaccins, dont deux souches de la grippe et le virus Zika. À cette époque, les résultats présentés concernaient uniquement des essais sur les animaux.

Pour rendre l'ARNm plus sûr et espérer mettre fin à ses échecs, Moderna a décidé d'utiliser les nanoparticules lipidiques. Malheureusement, il s'est avéré difficile d'arriver à doser correctement ces nanoparticules : soit le produit n'était pas assez efficace, soit il devenait toxique. C'est un échec. L'équipe a dû travailler sur de nouvelles formulations de nanoparticules. Quelques mois plus tard, le vaccin pour la grippe H10N8 et H7N9 est entré en phase 1. Moderna ira même jusqu'à publier un article dans Nature[3] pour promouvoir sa technologie vaccinale. Ce vaccin contre la grippe n'ira pas plus loin. Probablement, la pandémie a changé la donne.

La COVID-19 et les approbations d'urgence ont ouvert une brèche dans le système de contrôle des médicaments, dans laquelle se sont engouffrées les compagnies spécialisées dans la production d'ARN messager. On observe déjà l'expansion de Moderna, prête à mettre

---

2) Lavishly funded Moderna hits safety problems in bold bid to revolutionize medicine Damien Garde 10 janvier 2017 https://www.statnews.com/2017/01/10/moderna-trouble-mrna/.
Can mRNA disrupt the drug industry? Ryan Cross 3 septembre 2018 https://cen.acs.org/business/start-ups/mRNA-disrupt-drug-industry/96/i35
3) mRNA vaccines: potential for global impact https://www.nature.com/articles/d43747-020-00281-3

au point des vaccins à ARN de tout ordre. Depuis la pandémie, il n'existe toujours pas de cahier des charges spécifique à l'ARN, bien que l'OMS travaille sur une réglementation dédiée aux vaccins à ARNm. La FDA et l'EMA, de manière différente, semblent ne pas avoir exigé d'analyses plus approfondies concernant ces produits. Sont-ils définitivement associés à la législation des vaccins traditionnels, sans tenir compte de leurs particularités intrinsèques et de leur mode de production spécifique ?

On pouvait s'attendre à ce qu'à la suite de la pandémie, les agences de contrôle soient plus exigeantes et demandent davantage d'analyses pour les « boosters », qui sont de nouveaux vaccins. Il est essentiel de garder à l'esprit que chaque modification de la nanoparticule pourrait avoir des conséquences dont nous ne mesurons pas encore les incidences. Qu'en sera-t-il des prochains vaccins à ARN, puisqu'il n'y a toujours pas de réglementation précise à leur sujet ? Est-ce que tous les manquements dans les analyses de l'ARNm signalés dans cet essai seront pris en compte, ou fermera-t-on les yeux, une fois encore, sur un certain nombre d'exigences ?

Les scientifiques exerceront-ils une pression accrue pour exiger davantage d'analyses, ou continueront-ils à se taire ? Cette nouvelle réglementation sera-t-elle adoptée par les États-Unis et l'Union européenne ?

Cette faille dans la réglementation des vaccins à ARN pourrait devenir une brèche dans le contrôle des produits futurs à base d'ARN si elle n'est pas rapidement refermée. N'oublions pas que nous n'avons toujours pas de données randomisées à long terme sur ces vaccins, ce qui est, à mon avis, le plus grand scandale au vu du nombre de personnes vaccinées. Sur quelles références allons-nous nous baser à l'avenir ? Sur des résultats biaisés, incomplets ou boiteux ? Un véritable débat scientifique doit s'appuyer sur des faits solides et des données incontestables, et non sur des hypothèses ou des affirmations non vérifiées. Prétendre qu'il n'y ait pas eu d'hécatombe après la vaccination et que, a priori, les effets secondaires seraient entièrement connus, comme l'ont affirmé certains médecins ou scientifiques, n'est pas de la science. La science nécessite des données solides et rigoureuses pour appréhender l'avenir. Si ces questions restent sans réponse, il est à craindre que cette brèche dans la réglementation ne s'élargisse, compromettant la sécurité et la confiance envers les innovations futures. Il est urgent de combler ces lacunes avant que l'opportunisme ne l'emporte sur la rigueur scientifique.

On est en droit de se demander, malgré l'urgence de la pandémie, si les autorités de santé n'auraient pas dû être plus exigeantes, comme l'avait signalé l'article du JAMA cité dans le chapitre sur l'ARN. Qu'arrivera-t-il si, dans quelques années, on observe une augmentation des maladies auto-immunes ou des problèmes de santé touchant une large partie de la population ? Interrogera-t-on alors la vaccination, ou préférera-t-on attribuer ces effets uniquement à la COVID-19 ? C'est là aussi un enjeu majeur. Bien que la COVID-19 soit souvent tenue responsable de nombreux maux, les effets secondaires des vaccins à long terme ne peuvent être écartés, surtout à la lumière des éléments discutés dans le chapitre sur l'ARN d'autant plus qu'il n'existe pas d'études solides permettant de faire clairement la part des choses.

L'emballement pour l'ARNm n'est-il pas aussi une forme d'aveuglement, aux dépens de l'humain et au profit de la technologie et de l'argent ? L'ARNm est-il vraiment un succès lorsqu'on observe la courte durée de la protection qu'il offre et son incapacité à enrayer la contagion ? La protection contre la sévérité de la maladie est loin d'être aussi établie qu'on ne le laisse croire.

Il est difficile d'évaluer réellement l'impact de ces vaccins sur les lymphocytes T, censés protéger contre la sévérité de la maladie et offrir une protection à long terme. La plupart des études sont complexes et réalisées sur des souris, ce qui limite la possibilité de lever tous les doutes, d'autant plus que les lymphocytes T se comportent différemment selon les individus, comme le rappelle une étude parue dans Nature : [4]

> « Il convient de noter que les cellules T spécifiques à Spike sont très hétérogènes chez différents receveurs de vaccins, non seulement en termes de spécificité, mais également en termes quantitatifs. »

Bali Pulendran, chercheur à Stanford, qui a mené avec son équipe une recherche sur le système immunitaire après la vaccination en 2021, souligne :[5]

> « Malgré leur efficacité exceptionnelle [NDLR les vaccins], on sait peu de choses sur le fonctionnement exact des vaccins à ARN. C'est pour la première fois, que des vaccins à ARN sont administrés à des humains, et nous n'avons aucune idée de comment ils se comportent et ce qu'ils font pour offrir une protection à 95 % contre le Covid-19. [Ce fameux 95 % ne représente pas la protection individuelle. Même un chercheur de son envergure contribue, intentionnellement ou non, à entretenir une certaine confusion sur ce point] .»

Quant aux autorités de contrôle, comme l'EMA, voilà ce qu'ils nous disent sur la sévérité de la maladie : [6]

> « Bien que les données sur le COVID-19 sévère soient limitées, l'expérience avec d'autres vaccins (vaccins contre le rotavirus et la grippe

---

4)Bertoletti, A., Le Bert, N., Qui, M. et al. SARS-CoV-2-specific T cells in infection and vaccination. Cell Mol Immunol 18, 2307–2312 (2021). https://doi.org/10.1038/s41423-021-00743-3

5) Study shows why second dose of COVID-19 vaccine shouldn't be skipped, Bruce Goldman 17 juillet 2021. Stanford Medicine News Center.

6) https://www.ema.europa.eu/en/documents/assessment-report/comirnaty-epar-public-assessment-report_en.pdf

> avec une efficacité connue contre les maladies bénignes mais une meilleure efficacité contre les maladies graves) couplée à l'efficacité vaccinale élevée observée pour le BNT162b2 sur tous les cas de COVID-19 dans les populations présentant une comorbidité donne l'assurance que le vaccin est susceptible de prévenir une maladie grave. Cependant, une estimation précise de son effet protecteur fait actuellement défaut. (Étude présentée à l'EMA) »

Quand on connaît la qualité des études de la grippe, on comprend que la référence n'est pas à propos. On ne peut que constater combien les informations qui nous ont été fournies sont à faible niveau de preuve et d'une mauvaise qualité. Lorsqu'on entend la santé publique et les médecins faire référence à la sévérité de la maladie pour justifier la vaccination, on comprend qu'il ne s'agit pas de science, mais de propagande. Bien entendu, il est préférable d'énoncer des certitudes que des probabilités.

Au-delà de la réalité scientifique, c'est notre démocratie elle-même qui a été mise à mal au cours de cette pandémie. Nous avons vu nombre de gouvernements user des mêmes ressorts que les régimes autoritaires pour soumettre leurs populations à leurs injonctions, comme le rappelle le philosophe italien du droit Carlo Lottieri dans le Huffington Post italien :[7]

> « Je pense que nous sommes en présence de formes subtilement totalitaires. Hannah Arendt soutient que dans les régimes totalitaires, le pouvoir ne commande pas seulement, mais vise à gagner le cœur et l'esprit de ses citoyens. Le vrai triomphe du pouvoir n'est pas l'obéissance passive, mais la participation active. En ce sens, le passeport sanitaire ou vaccinale est crucial, car il nécessite une

---

7) Carlo Lottieri: "Non mi vaccino, non accetto la condizione di suddito di
Pietro Salvatori. 9 décembre 2021
https://www.huffingtonpost.it/cultura/2021/12/09/news/carlo_lottieri_non_mi_vaccino_non_accetto_la_condizione_di_suddito_-7405172/

> adhésion active. D'un autre côté, cette liberté de pensée qui était historiquement associée à la tolérance - quelque chose qui semblait avoir été acquise - est maintenant de plus en plus limitée. La difficulté est de penser sérieusement aux événements indésirables. Nous sommes confrontés à une perspective dogmatique et bigote, qui condamne moralement tout dissident. »
>
> « Ceux qui comme moi expriment ces thèses peuvent le faire, mais ils savent qu'ils en paieront le prix. Un de mes collègues à Vérone a été expulsé après deux minutes à la télévision. Beaucoup d'autres gardent donc le silence pour éviter les conséquences. Cela ne me semble pas normal. »

L'analyse de Carlo Lottieri montre que le citoyen a été confronté à une situation pour laquelle il n'était pas préparé et qu'il n'avait sans doute jamais envisagée.

En effet, pour le citoyen, il a été difficile d'avoir une lecture réaliste de la situation pandémique. Dans ce contexte, comment aurait-il pu ne pas être pris par le vertige de l'information et la peur martelée jour après jour par les médias et les médecins ? La mort, que l'homme tient habituellement à distance, est venue hanter son quotidien au point de réveiller une angoisse existentielle. Il a fait face à sa finitude en compagnie de sa solitude, sans parfois pouvoir serrer dans ses bras ceux qui lui sont chers. Le citoyen a vécu dans l'incertitude du lendemain, ne sachant pas quand son cauchemar prendrait fin. Pas un instant ne s'est écoulé sans qu'il ne craigne pour sa vie ou celle de ses proches. Il a été spectateur de la mort de ses aînés sans pouvoir leur dire combien il les aimait. Il a vu ses enfants, habités par l'inquiétude, privés de la liberté de s'instruire et de s'amuser. Ils ont été plongés dans un monde digne d'un film de science-fiction, dont il ignore s'ils garderont des séquelles. Sa fragilité a fait de lui un être facile à manipuler, puisque ses ancrages s'étaient effondrés. Certains se sont rebellés, au point de se radicaliser, afin de ne pas succomber à ce qui menaçait leur existence : parfois par égoïsme, parfois par désir de protéger leur territoire. D'autres sont restés attentifs à ce qui leur était dit, ne sachant quel chemin emprunter.

Dans une pareille conjoncture, il devient plus aisé d'adhérer à ceux qui promettent la liberté. Le vaccin a été vu comme une rédemption. Pourtant, la crainte s'est emparée d'une grande partie de la population. Que savions-nous de ce vaccin? Quel risque encourions-nous ? Comment est-il arrivé si vite ? Et bien d'autres interrogations encore. Ces questions étaient légitimes, mais les réponses obtenues ont été celles d'ecclésiastiques nous invitant à avoir foi dans le vaccin : Ayez foi en la science ! Elle détient les réponses et saura vous protéger, nous disait-on. Pas de place pour le doute : le vaccin était présenté comme la clé de notre salut. Le discours a été bien rodé et les médias ont fait circuler l'information.

Pourquoi ne pas être à l'écoute de ce qui nous est dit? Après tout, ce sont les médias officiels qui en parlent. Ce sont des médecins et des scientifiques reconnus qui nous rassurent. Dans un siècle où l'économie et le pouvoir de l'argent mènent le monde, la foi dans nos politiques, dans les compagnies pharmaceutiques et parfois même dans la science, s'est érodée chez un certain nombre d'entre nous, au point d'éveiller un scepticisme. En même temps, comment se montrer suspicieux quand les autorités nous proposent la protection et la liberté ? Certains y ont cru, d'autres ont cherché des points de vue divergents.

L'absence de contradictoire solide a laissé la place à de nombreuses voix divergentes, des plus raisonnées aux plus absurdes. Difficile pour le citoyen de savoir vers où tendre l'oreille lorsqu'il est pris par le doute et la peur. Beaucoup finissent par choisir un camp ou l'autre, tandis que d'autres se maintiennent dans l'hésitation. Vous comprendrez que prendre une décision n'est jamais facile et dépend de facteurs propres à chaque individu. Dans ce cas, comment oser stigmatiser les non-vaccinés et les traiter d'impies ? On se croirait aux heures les plus sombres de la colonisation espagnole de l'Amérique, où les jésuites cherchaient à convertir les Indiens. Nous ne devions pas nous poser de questions et avions pour seule option d'avoir foi en ceux qui prétendaient détenir la vérité.

Cependant, on ne choisit pas un traitement sur la croyance. C'est irrationnel. Une décision se prend en fonction des avantages et des inconvénients, à condition que l'on soit bien informé. Ensuite, il y a la liberté de choix en fonction de notre condition, même si une bonne ou mauvaise santé apparente ne garantit nullement la manière dont nous réagirons à la maladie. Ce choix, il faut être prêt à l'accepter avec ses contraintes et ses obligations. Mais comment choisir si l'on ne nous dit que ce que les autorités veulent que nous entendions ? Le gouvernement et la santé publique sont partis du présupposé que le vaccin est efficace à 95 % et que les effets secondaires sont très rares. Dans ce cas, nous ne pouvions que les croire. Mais nous savons aujourd'hui que la vérité est beaucoup plus nuancée.

Imaginez-vous le drame de ceux qui vivent avec les séquelles des effets secondaires, qui ont fait confiance, et qui à présent sont livrés à eux-mêmes avec le remords d'une décision qu'ils n'auraient jamais souhaité prendre. Qui leur rendra leur liberté ? Qu'en est-il de la responsabilité de ceux qui leur ont vanté la sécurité de ces vaccins ?

Dans de telles circonstances, peut-on comprendre que certaines personnes aient refusé de se vacciner ? En plus d'être devenues des exilées sociales, certaines ont vécu avec la peur du virus, conséquence du lavage de cerveau subi au cours de la pandémie, où les médias et les médecins leur annonçaient leur mort prochaine. Qui aurait-on dû sanctionner ? Ceux qui ont voulu refuser de se vacciner ? Ou ceux qui ont masqué l'information et qui n'ont cessé de les stigmatiser, de la même manière que certains élèves intimident ceux qui sont différents ?

Comment retrouver la confiance dans la société et, particulièrement, dans la médecine ? Même les vaccinés s'interrogent sur les choix qu'ils ont pris. Imaginez ceux qui ont été forcés à se vacciner ? Personne ne mesure les dégâts psychologiques subis par toutes ces personnes, particulièrement les non-vaccinés. Ils resteront des coupables pour le reste de leur existence, avec la peur qu'un jour leur comportement leur soit, à nouveau, reproché, jusqu'à négliger leur droit d' être soigné.

Après cinq ans de pandémie, on aurait pu espérer un examen rigoureux des événements : mettre en lumière les réussites, analyser les échecs et identifier les manquements. Pourtant, cette analyse semble improbable. Si elle advient, ce sera sans doute pour célébrer la victoire d'une vérité imposée sur des voix dissidentes, étiquetées comme « complotistes ». En réalité, beaucoup redoutent qu'une transparence totale n'entretienne davantage le complotisme, n'aggrave les tensions sociales et politiques, ou ne fragilise la presse déjà affaiblie. Mais est-ce là une raison valable pour esquiver une introspection essentielle ? Reconnaître ses erreurs est la marque d'une société forte et mature, pas d'une faiblesse.

Au-delà des responsabilités sociales et politiques, la science a eu une influence importante dans cette crise comme le rappel John Ioannidis : [8]

> « [...]Les réponses apportées à cette crise ont suscité chez des milliards de personnes dans le monde un intérêt aigu et une surexcitation à l'égard de la science. Les décisions prises au nom de la science sont

8) How the Pandemic Is Changing the Norms of Science. John Ioannidis Tablet Mag 8 septembre 2021

> devenues des arbitres de la vie, de la mort et des libertés fondamentales. Tout ce qui compte est affecté par la science, par les scientifiques qui interprètent la science et par ceux qui imposent des mesures basées sur leurs interprétations de la science dans le contexte d'une guerre politique. »

Si tout le monde s'est servi de la science pour justifier ses propos ou ses décisions, cela n'a pas empêché un certain nombre de scientifiques, dont on pouvait attendre une parole claire et nuancée, de nier la complexité pour sombrer dans la caricature, encouragés par bon nombre de journalistes.

Certains d'entre eux se sont érigés en garants de la probité. Si Didier Raoult a représenté, aux yeux d'un grand nombre, la faillite d'une certaine science, au point d'être attaqué de toutes parts jusqu'à voir ses études remises en question, on oublie qu'un certain nombre de scientifiques du « bon côté » de la barrière ne sont pas sans reproches.

Lorsqu'on voit des docteurs en pharmacie, des médecins ou des prétendus spécialistes de la vaccination énoncer des discours déconnectés de la réalité au sujet de l'ARN messager, par ignorance ou sciemment, on est en droit de s'interroger : n'ont-ils pas, eux aussi, contribué à la désinformation au cours de cette crise autant que les complotistes ?

La crise a montré que la science pouvait exercer un pouvoir et influencer le cours de la société, soutenue par une presse souvent aveuglée devant ces pontes de la science, qu'elle considère comme des quasi-dieux.

Une certaine science s'est érigée comme garante du bien, jusqu'à laisser entendre qu'il existerait une « bonne » et une « mauvaise » science. Ce que l'on qualifie de « bonne » ou de « mauvaise » science n'est pas nécessairement lié à la qualité des études, mais à ce qu'elle représente. La pandémie a révélé que toutes les études critiques sur l'ARN messager et qui en soulignaient les risques étaient systématiquement déconsidérées. Elles étaient jugées insuffisamment probantes malgré la qualité de certaines d'entre elles.

Certains chercheurs affirment même que les grandes revues scientifiques auraient refusé ou retardé la publication d'articles allant à l'encontre du discours dominant. Pourtant, les études mettant en avant les vertus de l'ARN messager sont loin d'être aussi irréprochables qu'on le prétend. Il suffit de lire les limitations qui leur sont associées, sans parler des biais que l'on préfère ignorer. Et pourtant, ce sont elles qui ont fait la une des médias et ont été mises en avant dans de nombreux discours.

Les études scientifiques ne doivent pas être prises pour argent comptant. Elles sont loin d'être des vérités. Elles valident ou invalident des hypothèses et mettent en lumière un certain nombre de phénomènes, ni plus ni moins.

L'histoire nous a appris qu'au nom du bien, la science pouvait commettre les pires barbaries. Soyons vigilants envers ceux qui, au cours de la pandémie, ont prétendu agir pour notre bien, alors que leurs intérêts étaient davantage guidés par des considérations personnelles, politiques, économiques ou idéologiques.

La science a démontré qu'elle pouvait entretenir des demi-vérités ou de fausses théories pendant des années avant que celles-ci ne soient corrigées. Ce phénomène est exacerbé par les enjeux financiers colossaux qui entourent la recherche scientifique, ce qui devrait nous interpeller. En même temps, la science progresse et ouvre de nouvelles perspectives. Cependant, il serait regrettable de négliger la science fondamentale au profit d'une science uniquement utilitariste. C'est souvent la science fondamentale qui, bien que sous-estimée, permet d'explorer des voies encore inexplorées. Pourtant, elle reste la grande oubliée des politiques de financement.

Si la science porte une part de responsabilité dans la gestion de la pandémie, la santé publique n'est pas non plus exempte de reproches. Sa manière d'agir mérite d'être réformée. Elle devrait apprendre à reconnaître le doute et à savoir le gérer, à rejeter le dogme ainsi que les impératifs politiques et économiques, pour se mettre véritablement au service du bien commun. Elle devrait informer de manière pragmatique, en distinguant clairement ce qui est connu de ce qui reste incertain, même si cela peut influencer les comportements de la population dans un sens ou dans un autre. Elle devrait élaborer de véritables plans de santé publique, fondés non seulement sur des bases scientifiques solides, mais également sur les réalités vécues par les praticiens au quotidien et sur la dimension psychologique des citoyens. Plus que tout, la santé publique doit adopter une approche pluridisciplinaire, ne s'appuyant pas exclusivement sur des médecins parfois déconnectés de la réalité scientifique ou enfermés dans leurs certitudes.

Dans ce contexte de responsabilité partagée entre science et santé publique, le langage utilisé pour décrire les solutions proposées a également joué un rôle crucial.

le mot « vaccin » a été une manière de donner ses lettres de noblesse à une technologie qui doit encore faire ses preuves. Il a permis de rassurer une population inquiète. Les mots ont une puissance qui va bien au-delà de ce que l'on croit. L'écrivain Jean Chalon n'a-t-il pas écrit que les mots peuvent être mortels ? Les mots portent en eux une charge émotive. Ils peuvent à la fois apporter réconfort et confiance, mais aussi blesser profondément ou engendrer une peur telle qu'elle interdit de prononcer le mot qui l'a déclenchée. Le choix des mots peut dissimuler des vérités ou en atténuer l'impact. Le verbe devient alors un outil pour manipuler les crédules.

Si beaucoup voient dans la pandémie une victoire du progrès, je crois tout au contraire qu'elle a mis en lumière tous les travers de notre civilisation et sa fragilité. Les fissures sont de plus en plus visibles, renforcées par des certitudes non remises en question, un refus du questionnement et une incapacité à prendre le recul nécessaire.

Nous vivons dans un monde qui minimise l'intelligence de ses citoyens. On pense qu'il suffit de leur imposer des vérités pour qu'ils y adhèrent. Pour ce faire, on utilise des explications simplistes, souvent partielles et biaisées. On joue avec leurs sentiments, leurs peurs et leurs croyances, sans jamais s'adresser à leur intelligence. Le citoyen est toujours sous l'emprise d'une hiérarchie : sociale, économique, intellectuelle, scientifique ou médiatique. On considère que son intellect n'est pas à la hauteur pour comprendre les enjeux. Ainsi, les explications se réduisent à des caricatures ou à des propos idéologiques, au détriment d'une démonstration claire et factuelle.

Les journalistes, devenus les vecteurs de la pensée dominante, informent de moins en moins : ils relayent un discours formaté et conforme aux idées prédominantes. On fait sans cesse appel aux experts pour proposer une vision différente, mais ces spécialistes, souvent enfermés dans leurs propres connaissances et certitudes, les présentent parfois comme des vérités incontestables. Leur ego semble primer sur l'échange d'idées, discréditant toute voix dissidente.

Je force volontairement le trait pour mettre en lumière la réalité d'une société sclérosée, incapable de se détacher de ses fondements pour réinventer le présent et imaginer l'avenir. Le citoyen, prisonnier de ce système, finit par accepter cette réalité tant qu'elle ne vient pas déranger son confort. Ceux qui souhaitent véritablement changer ce système sont souvent marginalisés ou réduits au silence, tandis que d'autres, prétendant œuvrer pour le bien commun, cherchent surtout à imposer de nouvelles idéologies sous prétexte de préserver la planète ou de promouvoir un nouvel ordre social et économique. La diversité des opinions, pourtant essentielle, a été remplacée par un manichéisme effrayant, où chacun campe sur ses idées, incapable de douter ou de penser la complexité.

Depuis le début de la crise, j'ai eu l'impression d'être le spectateur d'une société cherchant à imposer une vérité, faute d'avoir su gérer et anticiper la crise. L'avenir nous réserve des heures sombres, car cette pandémie a marqué la fin de la diversité d'opinions. La diversité à raison d'être lorsqu'il s'agit de la société, mais pas des idées. La diversité est souvent valorisée dans une société lorsqu'elle concerne les contextes sociaux ou culturels, mais elle devient soudainement problématique dès qu'il s'agit d'idées. Pourtant, cette diversité intellectuelle est essentielle pour enrichir les débats et éviter les dogmatismes.

La science, censée être une quête de vérité par essence, a été détournée pour servir des intérêts financiers et politiques. L'argent a, une fois de plus, triomphé. Il n'y aura probablement jamais d'analyse critique de la situation que nous avons vécue, car les médias ne sont pas habitués à l'autocritique, pas plus que les politiques ou les scientifiques. Certains chercheront dans cet essai ce qui peut conforter ou contrarier leurs opinions, pour continuer à défendre leurs points de vue, sans jamais considérer les enjeux que je soulève. D'autres ne verront qu'une occasion de me discréditer, incapables de débattre, d'échanger ou de comprendre les nuances.

La vérité, pour peu qu'elle existe, n'a jamais été autant en danger : entre ceux qui la défendent comme une doctrine intangible et ceux qui la maltraitent par méfiance envers ceux qui prétendent la détenir. La pandémie a mis en lumière les travers d'une société incapable de se remettre en question. Elle pourrait bien marquer le début de son effondrement.

> « Notre modernité avance sans réfléchir […] À présent, tout déborde et l'homme donne congé à son essence. Tel Prométhée enchaîné au mont Caucase, il se demande comment ce qui aurait dû lui prodiguer maîtrise et domination peut préparer sa déchéance. » [9]

9) Le chiffre de la vie. Gégory Bénichou. Éditions Seuil